工业控制组态软件
应用技术

主 编 刘文贵 刘振方
副主编 赵艳芳 唐 勇 于 玲
　　　　马继红 段学习

北京理工大学出版社
BEIJING INSTITUTE OF TECHNOLOGY PRESS

内容简介

本书采用项目导入，任务驱动，教、学、做一体化的教学模式编写。突出"以能力为本位，以学生为主体"的职业教育课程改革指导思想，从职业岗位需求出发，以职业能力培养为核心，理实一体化。学生在明确任务目标、对任务进行分析并熟悉相关知识的基础上，通过具体的任务实施过程掌握工控组态软件的实际应用技能。

本书由13个项目34个学习任务构成，涵盖了工控组态软件——组态王6.53的常用功能和应用。主要涉及I/O设备管理、变量定义、动画连接、趋势曲线、报表系统、报警和事件、常用控件、系统安全管理、组态王与其他软件之间的互联、网络连接与Web发布、冗余功能等。

本书可作为高职高专院校电气自动化类、电子信息类和机电一体化类及相关专业的教材，也可供相关工程技术人员参考使用。

版权专有　侵权必究

图书在版编目（CIP）数据

工业控制组态软件应用技术 / 刘文贵，刘振方主编. —北京：北京理工大学出版社，2011.7（2019.1重印）

ISBN 978-7-5640-4684-2

Ⅰ.①工… Ⅱ.①刘…②刘… Ⅲ.①工业控制系统-应用软件 Ⅳ.①TP273

中国版本图书馆 CIP 数据核字（2011）第 116768 号

出版发行 / 北京理工大学出版社
社　　址 / 北京市海淀区中关村南大街5号
邮　　编 / 100081
电　　话 /（010）68914775（办公室）　68944990（批销中心）　68911084（读者服务部）
网　　址 / http://www.bitpress.com.cn
经　　销 / 全国各地新华书店
印　　刷 / 北京高岭印刷厂
开　　本 / 710毫米×1000毫米　1/16
印　　张 / 14
字　　数 / 263千字
版　　次 / 2011年7月第1版　2019年1月第9次印刷　　责任校对 / 陈玉梅
定　　价 / 36.00元　　　　　　　　　　　　　　　　　　责任印制 / 王美丽

图书出现印装质量问题，本社负责调换

前言

随着我国工业化和信息化进程的加快，工控组态软件扮演着越来越重要的角色，为自动控制系统监控层提供了良好的软件平台和开发环境。用户可以通过工控组态软件提供的工具、方法，采用类似"搭积木"的简单方式来完成自己所需要的软件功能。工控组态软件广泛应用于电力、水利、市政供排水、燃气、供热、石油、化工、智能建筑等领域的数据采集与控制以及过程控制等诸多领域。

组态王是由北京亚控科技发展有限公司开发的通用工控组态软件，目前在国产组态软件市场中占据着领先地位。本书以组态王为基础，采用项目导入、任务驱动的教学模式较全面地介绍了工控组态软件的功能和应用。参与本书编写的同志有着丰富的工程实践经验，并和北京亚控科技发展有限公司有着长期的合作。本书中的教学任务设计合理，任务实施过程的步骤清晰，易于学生掌握。

全书由13个项目，34个学习任务构成，涵盖了工控组态软件——组态王的常用功能和应用。项目一通过3个学习任务，介绍了组态王软件的安装过程及程序组的构成和简单应用，并通过建立和运行一个简单的组态王工程引导学生的学习兴趣；项目二～项目九通过21个教学任务使学生进一步掌握组态王工程浏览器和画面开发系统的具体应用；项目十通过2个教学任务使学生掌握组态王开发系统和运行系统的安全管理；项目十一通过3个教学任务使学生掌握组态王以DDE、OPC、ODBC等方式和其他开放式软件之间的通信互联；项目十二和项目十三通过5个教学任务使学生掌握组态王的网络应用和冗余功能。

本书由河北工程技术高等专科学校刘文贵、刘振方任主编，邯郸职业技术学院赵艳芳、马继红、河北工程技术高等专科学校唐勇、天津轻工职业技术学院于玲、沧州职业技术学院段学习担任副主编。其中刘文贵编写项目一、项目二、项目三、项目四、项目十一，赵艳芳编写项目八，马继红编写了项目九，刘振方编写项目五、项目六、项目七，段学习编写了项目十，唐勇编写了项目十二，于玲编写了项目十三，此外，天津轻工职业技术学院的李娜、沈洁也参与了部分章节的编写工作。全书由刘文贵统稿。

在本书的编写过程中得到了北京亚控科技发展有限公司的大力支持和帮助，杨小军工程师提出了许多宝贵意见和建议，在此表示感谢。

由于编者水平有限，书中难免有不妥之处，欢迎广大读者提出宝贵意见。

编　者

目 录

项目一 组态王使用入门 ·· 1
  任务一 组态王软件的安装及组态王程序组构成 ················· 1
  任务二 组态王工程管理器、浏览器和运行系统的应用 ············ 5
  任务三 建立一个简单的组态王工程 ································· 17

项目二 I/O 设备管理 ·· 24
  任务一 定义设备 ·· 24
  任务二 组态王通信的特殊功能 ···································· 38

项目三 变量定义和管理 ·· 41
  任务一 变量的类型和基本变量的定义 ···························· 41
  任务二 I/O 变量的转换方式 ······································· 47
  任务三 变量管理工具——变量组 ································· 54
  任务四 变量的属性——变量域 ···································· 57

项目四 设计画面与动画连接 ·· 63
  任务一 组态王画面开发系统介绍 ································· 63
  任务二 图库管理 ·· 67
  任务三 动画连接 ·· 72

项目五 命令语言 ·· 76
  任务一 命令语言的类型 ·· 76
  任务二 命令语言语法 ·· 82

项目六 趋势曲线 ·· 92
  任务一 实时趋势曲线 ·· 92
  任务二 历史趋势曲线 ·· 98

项目七 报表系统 ··· 110
  任务一 数据报表的创建及组态 ··································· 110
  任务二 实时数据报表 ··· 116
  任务三 历史数据报表 ··· 124
  任务四 报表函数 ··· 129

项目八　报警和事件 ································· 133
任务一　变量的报警 ································· 133
任务二　事件类型及使用方法 ························· 144

项目九　常用控件 ··································· 150
任务一　组态王内置控件 ····························· 150
任务二　组态王 Active X 控件 ······················· 154

项目十　系统安全管理 ······························· 158
任务一　组态王开发系统安全管理 ····················· 158
任务二　组态王运行系统安全管理 ····················· 160

项目十一　组态王与其他软件之间的互联 ··············· 171
任务一　基于动态数据交换的数据互联 ················· 171
任务二　基于 OPC 方式的通信互联 ··················· 180
任务三　组态王与关系数据库连接 ····················· 184

项目十二　组态王网络连接与 Web 发布 ················ 191
任务一　网络连接 ··································· 191
任务二　Web 发布 ··································· 198

项目十三　冗余功能 ································· 205
任务一　双设备冗余 ································· 205
任务二　双机热备 ··································· 208
任务三　双网络冗余 ································· 214

参考文献 ··· 217

项目一 组态王使用入门

项目任务单

项目任务	1. 了解工控组态软件的基本概念； 2. 掌握组态王软件的安装过程及组态王程序组的构成； 3. 熟悉组态王工程管理器、工程浏览器和运行系统的使用； 4. 掌握建立组态王工程的一般步骤； 5. 熟悉一个简单工程的开发和运行过程。
工艺要求及参数	1. 通过组态王软件安装光盘正确安装组态王软件； 2. 正确启动和使用组态王工程管理器、工程浏览器和运行系统等； 3. 能够成功建立一个简单的组态王工程。
项目需求	1. 目前主流配置的微型计算机； 2. 组态王软件光盘； 3. PDF 格式文档阅读器； 4. 可编程控制器（PLC）的基本知识和应用； 5. 使用 Windows 操作系统和一般应用软件的基本技能。
提交成果	1. 在计算机上正确安装组态王 KingView 6.53； 2. 使用组态王仿真 PLC 作为 I/O 设备建立一个简单的组态王工程，并在运行系统中运行。

任务一 组态王软件的安装及组态王程序组构成

1.1.1 任务目标

了解组态软件的基本知识，掌握组态王软件的安装及组态王程序组所包含的相应内容。

1.1.2 任务分析

组态王软件的安装和其他应用软件的安装基本一致：将组态软件光盘插入光驱，计算机会自动启动安装文件 install.exe。组态王软件的安装包括"安装组态王程序"、"安装组态王驱动程序"和"安装加密锁驱动程序"，需要首先安装"组态王程序"，而"组态王驱动程序"和"加密锁驱动程序"会在提示下自动安装。安装完成后，会在 Windows 系统菜单"开始\程序"中生成名称为"组态王 6.53"的程序组。

1.1.3 相关知识

1. 什么是组态软件

组态（Configuration）的意思是构造、配置，是指用户通过软件提供的工具、方法，采用类似"搭积木"的简单方式来完成自己所需要的软件功能，而不需要编写复杂的计算机程序。在组态软件出现之前，要实现某一任务，都是通过编写程序（如使用 BASIC、C、FORTRAN 等）来实现的。编写程序不但工作量大、周期长，而且容易犯错误，不能保证工期。组态软件的出现，解决了这个问题，对于过去需要几个月的工作，通过组态软件几天就可以完成。虽说组态软件不需要编写复杂程序就能完成特定的应用，但是为了提供应用的灵活性，组态软件也提供了编程手段（如类 BASIC、类 C 语言，有的甚至支持 VB），并且内置编译系统。

工控组态软件是应用于工业控制领域的专用组态软件，是处在自动控制系统监控层一级的软件平台和开发环境，使用灵活的组态方式，为用户提供快速构建工业自动控制系统监控功能的、通用层次的软件工具。组态软件大都支持各种主流工控设备和标准通信协议，并且提供分布式数据管理和网络功能。

工控组态软件的应用领域很广，可以应用于电力系统、给排水系统、燃气管网、供热管网、石油、化工、智能建筑等领域的数据采集与控制以及过程控制等诸多领域。

2. 工控组态软件的主要功能

（1）丰富的画面组态功能。组态软件内置丰富的图库和控件，可供用户灵活组态，还可用画面开发工具自主开发用户需要的图形。

（2）良好的开放性。组态软件能与多种通信协议互联，支持丰富的硬件设备。

（3）丰富的功能模块。利用各种功能模块，完成实时监控、显示实时曲线、历史曲线、生成各种功能报表、报警窗口等，使系统具有良好的人机交互功能。

（4）强大的数据库支持。配有实时数据库、历史数据库，可存储各种数据，并可实现和其他应用软件的数据交换。

（5）可编程的命令语言。用户可以根据自己的需要编写命令语言程序，利用这些命令语言程序来增强应用程序的灵活性，处理一些算法和操作。

（6）周密的系统安全防范。对于不同的操作者，赋予不同的操作权限，保证整个系统的安全可靠运行。

（7）强大的网络功能。支持 C/S、B/S 模式，支持分布式历史数据库和分布式报警，可运行在基于 TCP/IP 的网络协议，使用户能够实现上、下位机以及更高层次的厂级联网。

3. 国内、外工控组态软件简介

国产工业控制组态软件主要有：

（1）组态王 KingView：组态王是国内开发较早的组态软件，由北京亚控科技发展有限公司开发，界面操作灵活方便，有较强的通信功能，支持的硬件非常丰富，目前在国产组态软件市场中占据着领先地位。

（2）MCGS：由北京昆仑通态自动化软件科技有限公司开发，该公司成立于1995年，已经成为国内一流的组态软件厂商，在国产软件市场中占据着一定地位。

（3）三维力控：由北京三维力控科技有限公司开发，核心软件产品初创于1992年，是一个面向方案的HMI/SCADA平台软件。具有丰富的I/O驱动，能够连接到各种现场设备，分布式实时数据库系统可提供访问工厂和企业系统数据的一个公共入口，力控的实时数据库系统也非常有特点。

（4）紫金桥 Realinfo：由紫金桥软件技术有限公司开发，该公司是由中石油大庆石化总厂出资成立。

另外还有世纪星、Controx（开物）、易控等国产工控组态软件。

国外工控组态软件主要有：

（1）InTouch：Wonderware 的 InTouch 软件是最早进入我国的组态软件。早期 InTouch 软件采用 DDE 方式与驱动程序通信。有最好的图形化人机界面（HMI），使信息更加容易地在工厂内和不同工厂之间共享。

（2）IFix：原属 Intellution 公司（Intellution 公司在1995年被爱默生收购，现在是爱默生集团的全资子公司），后来被 GE 公司收购。

（3）WinCC：是西门子公司发布的组态开发环境，Simens 提供类 C 语言的脚本，包括一个调试环境。WinCC 内嵌 OPC 支持，并可对分布式系统进行组态。

1.1.4 任务实施

1. 组态王软件的安装

（1）启动计算机系统。

（2）在光盘驱动器中插入"组态王"软件的安装盘，系统自动启动 Install.exe 安装程序，如图1-1所示。该安装界面左侧有一列按钮，将鼠标移动到按钮上时，会在右边图片位置上显示各按钮中安装内容提示。

① "安装阅读"按钮：安装前阅读，用户可以获取到关于版本更新信息、授权信息、服务和支持信息等。

② "安装组态王程序"按钮：安装组态王程序。

图1-1 启动组态王安装程序

③ "安装组态王驱动程序"按钮：安装组态王 I/O 设备驱动程序。

④ "安装加密锁驱动程序"按钮：安装授权加密锁驱动程序。

⑤ "退出"按钮：退出安装程序。

（3）开始安装。点击"安装组态王程序"按钮，将自动安装"组态王"软件到用户的硬盘目录，并建立应用程序组。

提示

◆ 安装组态王软件时，要首先安装"组态王程序"，"组态王程序"安装完成后，系统会自动提示安装"组态王驱动程序"和"加密锁驱动程序"，无需再从安装主界面选择安装"组态王驱动程序"和"加密锁驱动程序"。

◆ 系统安装完成后，如果没有加密锁，组态王开发系统和运行系统只能运行 2 个小时，并且只能开发和运行 64 点以下的组态王工程。

◆ 可向北京亚控科技发展有限公司免费索取组态王软件演示版（64 点、开发系统和运行系统只能运行 2 个小时）。

◆ 组态王软件的开发版和运行版分别按点数计费，实际工程开发必须购买正版组态王软件，否则出现问题时不能保证得到技术支持。

2. 组态王程序组

安装完"组态王"之后，在系统菜单"开始\程序"中生成名称为"组态王 6.53"的程序组。该程序组中包括 4 个文件和 3 个文件夹的快捷方式，内容如下：

组态王 6.53：组态王工程管理器程序（ProjectManager）的快捷方式，用于新建工程、工程管理等。

工程浏览器：组态王单个工程管理程序的快捷方式，内嵌组态王画面开发系统（TouchExplorer），即组态王开发系统。

运行系统：组态王运行系统程序（TouchView）的快捷方式。工程浏览器（TouchExplorer）和运行系统（TouchView）是各自独立的 Windows 应用程序，均可单独使用；两者又相互依存，在工程浏览器的画面开发系统中设计开发的画面应用程序，必须在画面运行系统（TouchView）环境中才能运行。

信息窗口：组态王信息窗口程序（KingMess）的快捷方式。

工具\安装新驱动：安装新驱动工具文件的快捷方式。

工具\工程打包工具：组态王工程打包工具的快捷方式。

组态王文档\使用手册：组态王使用手册电子版文件的快捷方式。

组态王文档\命令语言函数手册：组态王函数手册电子版文件的快捷方式。

组态王文档\组态王帮助：组态王帮助文件的快捷方式。

组态王文档\组态王驱动帮助：组态王 I/O 驱动程序帮助文件的快捷方式。

组态王文档\工程打包工具的使用说明：工程打包工具使用说明的快捷方式。

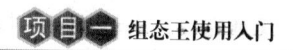

组态王在线\在线会员注册：亚控网站在线会员注册页面。
组态王在线\技术 BBS：亚控网站技术 BBS 页面。
组态王在线\IO 驱动在线：亚控网站 I/O 驱动下载页面。

➡ 提示

◆ 除了从程序组中可以打开组态王工程管理器，安装完组态王后，在系统桌面上也会生成组态王工程管理器的快捷方式，名称为"组态王 6.53"。

1.1.5　知识进阶

为了使系统能够正常运行，组态王软件安装完成后，最好选择重新启动计算机。如果没有重新启动计算机，就直接运行组态王运行系统，系统会提示"历史库服务程序没有启动"，这时工程中的历史曲线控件不能正常运行。有 3 种方法可以处理遇到的"历史库服务程序没有启动"问题。

（1）使用鼠标点击操作系统的"开始\程序\运行"，在对话框中输入"C:\Program Files\Kingview\HistorySvr.exe" -run（具体路径要根据你的安装路径来定），按回车键运行即可解决此问题。

（2）在"控制面板—管理工具—服务"中找到 HistorySvr 这个程序，手动启动即可。

（3）重新安装组态王软件，安装完成后重新启动计算机即可。

1.1.6　问题讨论

（1）如果组态王安装光盘中的 Install.exe 安装程序没有自动启动或采用组态王软件的硬盘文件，应该如何安装？
（2）如何正确卸载组态王软件？
（3）试着打开组态王程序组的相应内容。

任务二　组态王工程管理器、浏览器和运行系统的应用

1.2.1　任务目标

熟悉组态王工程管理器、工程浏览器和运行系统的启动和使用，为组态王工程开发和运行奠定基础。

1.2.2 任务分析

组态王软件包主要由工程管理器 ProjectManage、工程浏览器 TouchExplorer 和画面运行系统 TouchView 三部分组成。

用组态王开发的每一个应用程序称为一个工程。组态王工程管理器用来新建工程和对已有工程进行统一管理。组态王工程浏览器是组态王的集成开发环境，开发组态王应用程序的大部分工作都是在工程浏览器中完成的。组态王运行系统是开发的应用程序的运行环境，组态王工程只在组态王的运行环境下才能运行。

1.2.3 相关知识

1. 工程管理器

组态王工程管理器用来建立新工程，对添加到工程管理器的工程做统一的管理。工程管理器的主要功能包括：新建、删除工程，对工程重命名，搜索组态王工程，修改工程属性，工程备份、恢复，数据词典的导入导出，切换到组态王开发或运行环境等。

2. 工程浏览器

工程浏览器是组态王的一个重要组成部分，是组态王的集成开发环境，工程浏览器内嵌组态王画面开发系统，生成人机界面。在工程浏览器中您可以看到工程的各个组成部分，包括文件、数据库、设备、系统配置、SQL 访问管理器和 Web 等，他们以树形结构显示在工程浏览器窗口的左侧，工程浏览器的使用和 Windows 的资源管理器类似。

3. 运行系统

画面开发系统中设计开发的画面工程在运行环境中运行。工程浏览器和运行系统各自独立，一个工程可以同时被编辑和运行，这对于工程的调试是非常方便的。

1.2.4 任务实施

1. 工程管理器的应用

如果已经正确安装了"组态王 6.53"，那么可以通过点击"开始\程序\组态王 6.53\组态王 6.53"，或直接双击桌面上组态王的快捷方式 启动工程管理器，启动后的工程管理器窗口，如图 1-2 所示。组态王的工程管理器由菜单栏、工具栏、工程信息显示区和状态栏等组成。

（1）新建工程。

启动组态王工程管理器后，选择菜单栏"文件\新建工程"或单击工具栏中的

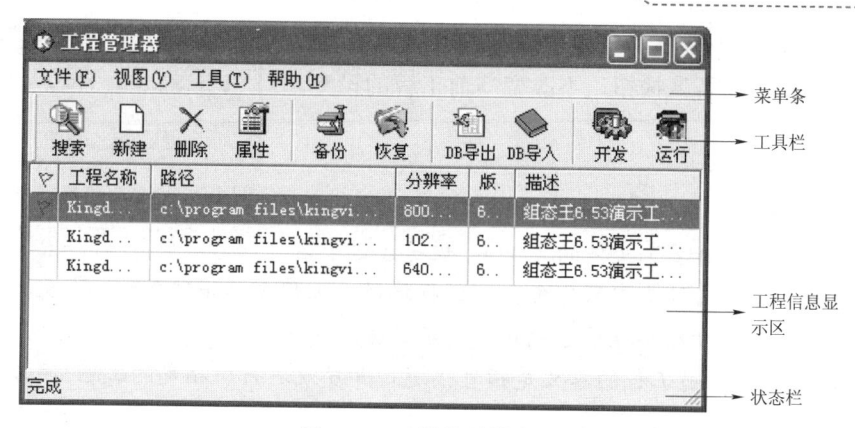

图1-2 工程管理器窗口

"新建"按钮,弹出"新建工程向导之一"对话框,如图1-3所示。

单击"下一步"继续,弹出"新建工程向导之二"对话框,如图1-4所示。

在工程路径文本框中输入新建工程的存放路径,或单击"浏览"按钮,在弹出的路径对话框中选择新建工程的存放路径。单击"下一步"继续,弹出"新建工程向导之三"对话框,如图1-5所示。

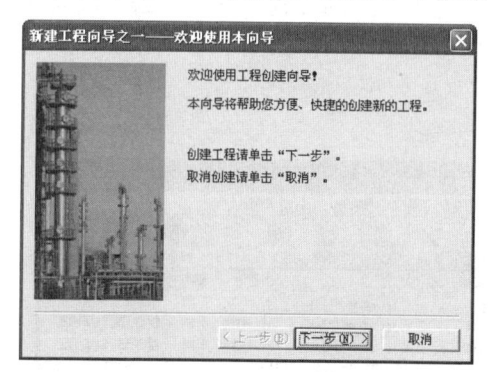

图1-3 新建工程向导之一

图1-4 新建工程向导之二

在"工程名称"文本框中输入给工程取的名字"工程1",在"工程描述"文本框中输入对工程的描述文字"仿真PLC练习"(注释作用)。工程名称有效长度小于32个字符,工程描述有效长度小于40个字符。单击"完成"按钮即完成新建的工程。在新建工程的路径下会以工程名称为目录建立一个文件夹,这时系统会弹出"是否将新建的工程设为当前工程"的提示,如图1-6所示。

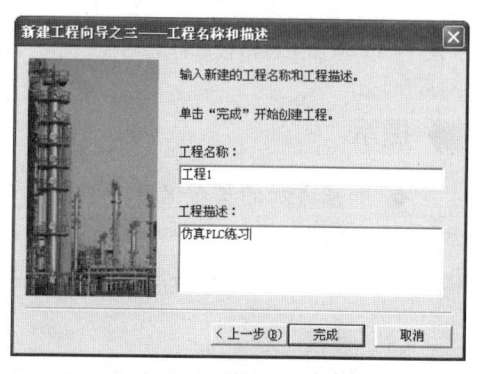

图1-5 新建工程向导之三

7

单击"是"按钮,将新建工程设置为组态王的当前工程;单击"否"按钮,不改变当前工程的设置。

图1-6 "是否将新建的工程设为当前工程"提示对话框

提示

◆ 在组态王中,所建立的每个工程反映到操作系统中是一个包括多个文件的文件夹。但是经过上述过程新建工程的文件夹中只包含反映工程路径、工程名称等信息的一个文件,只有切换到组态王开发环境后才能真正创建工程。

◆ 组态王当前工程的意义是指直接进行开发或运行所指定的工程。可以通过组态王工程管理器的菜单栏"文件\设为当前工程",将所选工程设为当前工程。

(2) 添加工程。

在工程管理器中使用"添加工程"命令来找到一个已有的组态王工程,并将工程信息显示在工程管理器的信息显示区中。

单击菜单栏"文件\添加工程"命令或快捷菜单"添加工程"命令后,弹出添加路径选择对话框,如图1-7所示。

选择想要添加的工程所在的路径,并且选中相应的工程名称。单击"确定"按钮,将指定路径下的工程添加到工程管理器显示区中,如图1-8所示。

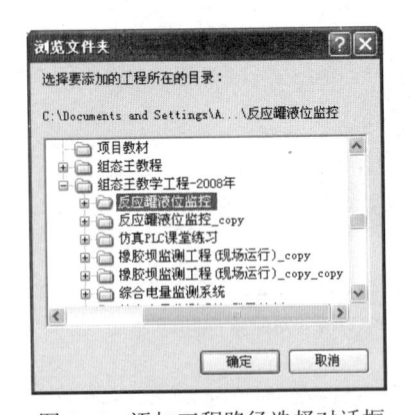

图1-7 添加工程路径选择对话框

图1-8 添加工程

提示

◆ 如果添加的工程名称与当前工程信息显示区中存在的工程名称相同,则被添加的工程将动态生成一个工程名称,在工程名称后添加序号。当存在多个具有相同名称的工程时,将按照顺序生成名称,直到没有重复的名称为止。

(3) 搜索工程。

启动组态王工程管理器后,选择菜单栏"文件\搜索工程"或单击工具栏中的

"搜索"按钮，弹出选择搜索路径对话框，如图1-9所示。

路径的选择方法与Windows的资源管理器相同，选定有效路径之后，单击"确定"按钮，工程管理器开始搜索工程，将搜索指定路径及其子目录下的所有工程。搜索完成后，搜索结果自动显示在管理器的信息显示区内，如图1-10所示，路径选择对话框自动关闭。单击"取消"按钮，取消搜索工程操作。

图1-9 搜索工程路径选择对话框

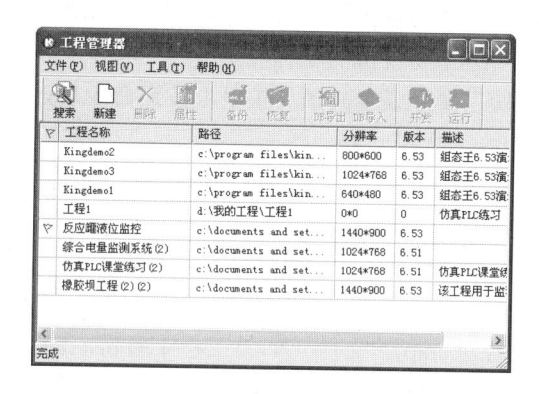

图1-10 搜索结果

提示

◆ 如果搜索到的工程名称与当前工程信息表格中存在的工程名称相同，或搜索到的工程中有相同名称的，在工程信息被添加到工程管理器时，将动态地生成工程名称，在工程名称后添加序号。当存在多个具有相同名称的工程时，将按照顺序生成名称，直到没有重复的名称为止。

◆ "添加工程"只能单独添加一个已有的组态王工程，要想找到更多的组态王工程，只能使用"搜索工程"命令。

（4）设置一个工程为当前工程。

在工程管理器的工程信息显示区中选中加亮设置的工程，单击菜单栏"文件\设为当前工程"命令即可设置该工程为当前工程。以后进入组态王开发系统或运行系统时，系统将默认打开该工程。被设置为当前工程的工程，在工程管理器信息显示区的第一列中用一个图标（小红旗）来标识，如图1-11所示（工程名称为"反应罐液位监控"）。

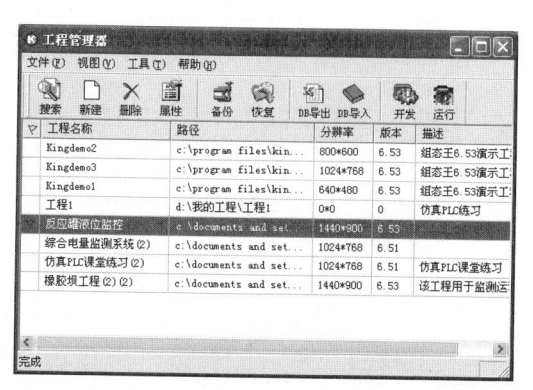

图1-11 设置一个工程为当前工程

> 提示

◆ 只有当组态王的开发系统或运行系统没有打开时才可以设置一个工程为当前工程。

（5）工程备份。

工程备份命令是将选中的组态王工程按照指定的格式进行压缩备份。

选中要备份的工程（如前述工程1），使之加亮显示。单击菜单栏"工具\工程备份"命令或工具条"备份"按钮命令后，弹出"备份工程"对话框，如图1-12所示。

工程备份文件分为两种形式：不分卷、分卷。不分卷是指将工程压缩为一个备份文件，无论该文件有多大，分卷是指将工程备份为若干指定大小的压缩文件。系统的默认方式为不分卷。

单击"浏览"按钮，选择备份文件存储的路径和文件名称，工程被存储成扩展名为.cmp的文件（如"工程1备份.cmp"）。

（6）工程恢复。

工程恢复命令是将组态王的工程恢复到压缩备份前的状态。

选中要恢复的工程，使之加亮显示。单击菜单栏"工具\工程恢复"命令或工具条"恢复"按钮命令后，弹出"选择要恢复的工程"对话框，如图1-13所示。

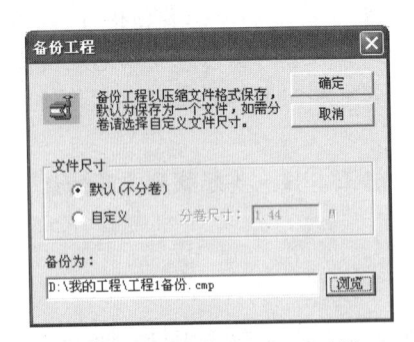

图1-12 "备份工程"对话框　　　　图1-13 "选择要恢复的工程"对话框

选择组态王备份文件——扩展名为.cmp的文件，如上例中的"工程1备份.cmp"。单击"打开"按钮，弹出"恢复工程"对话框，如图1-14所示。

单击"是"按钮，则以前备份的工程覆盖当前的工程。如果恢复失败，系统会自动将工程还原为恢复前的状态。单击"取消"按钮取消恢复工程操作。单击"否"按钮，则另行选择工程目录，将工程恢复到别的目录下。

图1-14 "恢复工程"对话框

如果工程恢复成功，则会弹出恢复工程成功对话框，如图 1-15 所示，并且询问："是否将其作为当前工程？"

图 1-15 恢复工程成功对话框

> **提示**
>
> ◆ 工程备份或恢复过程中，工程管理器的状态栏上会有文字提示信息和进度条显示备份或恢复进度。
> ◆ 恢复工程将丢失自备份后的新的工程信息，需要慎重操作。
> ◆ 如果用户选择的备份工程不是原工程的备份时，系统在进行覆盖恢复时，会提示工程错误。

（7）工程管理器的其他功能。

重命名：是对加亮显示的工程（不管是否当前工程）重新命名。

工程属性：是对加亮显示的工程（不管是否当前工程）修改工程名称和工程描述。

清除工程信息：是对加亮显示的工程（不能是当前工程）信息条从工程管理器中清除，不再显示，但不会删除工程或改变工程。用户可以通过"添加工程"或"搜索工程"重新将该工程信息添加到工程管理器中。

删除工程：是对加亮显示的工程（不能是当前工程）信息条从工程管理器中清除，同时将删除工程所在目录的全部内容（包括子目录）。不可恢复，请慎重使用。

数据词典导出：是对加亮显示的工程（不管是否当前工程）数据词典中的变量导出到 Excel 表格中，用户可在 Excel 表格中查看或修改变量的属性。

数据词典导入：将 Excel 表格中编辑好的数据或利用"数据词典导出"命令导出的变量导入到加亮工程的组态王数据词典中。

切换到开发系统：进入当前工程的组态王开发系统，并自动关闭工程管理器。

切换到运行系统：进入当前工程的组态王运行系统，并自动关闭工程管理器。

> **提示**
>
> ◆ 对工程管理器的操作，可以使用菜单或工具条。另外，也可以使用快捷菜单或快捷键进行操作。
> ◆ 使用快捷菜单的方法是：在某一工程信息条处单击鼠标右键，即可弹出快捷菜单。
> ◆ 使用快捷键的方法是：先使用"Alt+主菜单项的快捷键字符"，打开某一主菜单对应的下拉菜单，然后使用"Shift+功能项快捷键字符"，即可进行相应操作。

2. 工程浏览器的应用

假如您已经正确安装了"组态王 6.53"的话，可以通过以下方式启动工程浏览器：

在工程管理器的信息显示区，双击某一工程即可进入该工程的开发环境（工程浏览器环境）；也可以在工程管理器中，将某一工程设为当前工程，然后点击工具栏中的开发按钮，即可进入当前工程的开发环境；或者点击"开始\程序\组态王6.53\工程浏览器"，即可进入当前工程的开发环境。

例如，在上一任务中新建的工程—工程 1，当在工程管理器的信息显示区双击"工程 1"时，就会进入"工程 1"的工程浏览器环境，如图 1-16 所示。

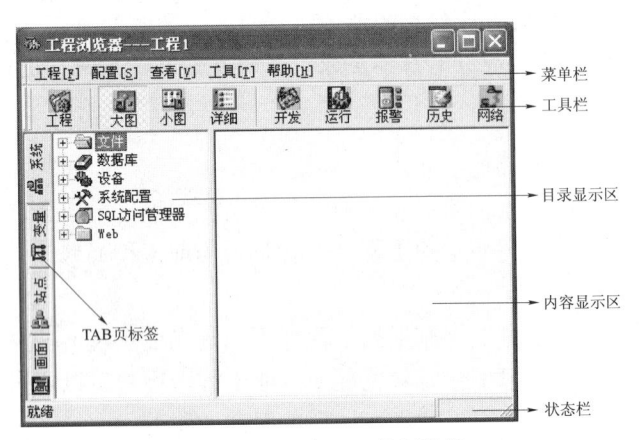

图 1-16 组态王工程浏览器

组态王的工程浏览器由 Tab 页标签、菜单栏、工具栏、工程目录显示区、目录内容显示区、状态栏等组成。工程目录显示区以树形结构图显示功能节点，用户可以扩展或收缩工程浏览器中所列的功能项。工程目录显示区各项功能如表 1-1 所示。

表 1-1 工程浏览器组成及功能简介

TAB 标签	目录	子目录	主要功能
系统	文件	画面 命令语言 配方 非线性表	工程画面设计、编写命令语言及配方管理等
	数据库	结构变量 数据词典 报警组	数据词典和报警组的定义
	设备	COM DDE 板卡 OPC 服务 网络服务	对不同设备的定义

续表

TAB 标签	目录	子目录	主要功能
系统	系统配置	设置开发系统 设置运行系统 报警配置 历史数据记录 网络配置 用户配置 打印配置	对各种系统的配置
	SQL 访问管理	表格模板 记录体	对数据库访问管理
	Web	发布画面 发布实时信息 发布历史信息 发布数据库信息	对远程发布画面、信息和数据库的管理
变量			对变量分组管理
站点			对网络远程站点的配置和管理
画面			单独对画面的开发和管理，也可以对画面进行分组管理

另外，工程浏览器还有画面和命令语言的导入导出功能、变量使用报告、更新变量计数、删除未用变量、替换变量名称、工程加密、切换到画面开发系统、切换到运行系统等功能。关于工程浏览器更详细的应用将在以后的项目中讲解。

提示

◆ 只有没有动画连接的变量才能被删除，在动画连接中被引用的变量不能被删除。

◆ 在进行"删除未用变量"操作之前，必须首先关闭所有画面并且进行"更新变量计数"操作。

◆ 工程加密是为了保护工程文件不被其他人随意修改，只有知道密码的人才可以对工程进行编辑或修改。当密码设定成功后，下次再进入开发系统的时候就会提示要密码。进行"工程加密"后，请一定牢记密码，否则无法进入开发系统。

3. 运行系统的设置和应用

（1）设置运行系统。

在运行组态王工程之前首先要在工程浏览器中对运行系统环境进行设置。在工程浏览器中单击"配置\运行环境"菜单命令，或单击工具栏中"运行"按钮，或单击工程浏览器"工程目录显示区\系统配置\设置运行系统"按钮后，弹出"运行系统设置"对话框,如图1-17所示。

"运行系统设置"对话框由三个配置属性页组成:"运行系统外观"属性页、"主画面配置"属性页和"特殊"属性页。

"运行系统外观"属性页对话框中各项的含义如下:

① 启动时最大化:TouchView 启动时占据整个屏幕。

② 启动时缩成图标:TouchView 启动时自动缩成图标。

③ 窗口外观标题条文本:此字段用于输入 TouchView 运行时出现在标题栏中的标题。若此内容为空,则 TouchView 运行时将隐去标题条,全屏显示。

图1-17 运行系统设置——运行系统外观属性页对话框

④ 窗口外观系统菜单:选择此选项使 TouchView 运行时标题栏中带有系统菜单框。

⑤ 窗口外观最小化按钮:选择此选项使 TouchView 运行时标题栏中带有最小化按钮。

⑥ 窗口外观最大化按钮:选择此选项使 TouchView 运行时标题栏中带有最大化按钮。

⑦ 窗口外观可变大小边框:选择此选项使 TouchView 运行时,可以改变窗口大小。

⑧ 窗口外观标题条中显示工程路径:选择此选项使当前应用程序目录显示在标题栏中。

⑨ 菜单:选择该选项但中的选项使 TouchView 运行时带有菜单。

"主画面配置"属性页规定 TouchView 画面运行系统启动时自动调入的画面,如果几个画面互相重叠,最后调入的画面在前面。单击"主画面配置"属性页,则此属性页对话框弹出,同时属性页画面列表对话框中列出了当前应用程序所有有效的画面,选中的画面加亮显示。如图1-18所示。

"特殊"属性页对话框用于设置运

图1-18 运行系统设置——主画面配置属性页对话框

行系统的基准频率等一些特殊属性，单击"特殊"属性页，则此属性页对话框弹出，如图 1-19 所示。

"特殊"属性页对话框中各项的含义介绍如下：

① 运行系统基准频率：是一个时间值。所有其他与时间有关的操作选项（如：有"闪烁"动画连接的图形对象的闪烁频率、趋势曲线的更新频率、后台命令语言的执行）都以它为单位，是它的整数倍。

② 时间变量更新频率：用于控制 TouchView 在运行时更新数据库中时间变量（$毫秒、$秒、$分、$时等）。

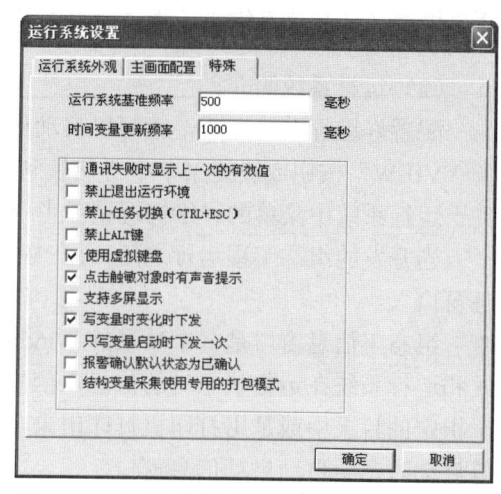

图 1-19 运行系统设置——特殊属性页对话框

③ 通信失败时显示上一次的有效值：用于控制组态王中的 I/O 变量在通信失败后在画面上的显示方式。选中此项后，对于组态王画面上 I/O 变量的"值输出"连接，在设备通信失败时画面上将显示组态王最后采集的数据值，否则将显示"？？？"。

④ 禁止退出运行环境：选择此选项使 TouchView 启动后，除关机外不能退出。

⑤ 禁止任务切换（CTRL+ESC）：选择此选项将禁止 CTRL+ESC 键，用户不能作任务切换。

⑥ 禁止 ALT 键：选择此选项将禁止 ALT 键，用户不能用 ALT 键调用菜单命令。

⑦ 使用虚拟键盘：画面程序运行中，当需要操作者使用键盘时，比如输入模拟值，则弹出模拟键盘窗口，操作者用鼠标在模拟键盘上选择字符即可输入。

⑧ 点击触敏对象时有声音提示：选中此项后，系统运行时，鼠标单击按钮等图素时，蜂鸣器发出声音。

⑨ 支持多屏显示：选择此选项后，支持多显卡显示，可以一台主机接多个显示器，组态王画面在多个显示器上显示。

⑩ 写变量变化时下发：选择此选项后，如果变量的采集频率为 0，组态王写变量的时候，只有变量值发生变化才写，否则不写。

⑪ 只写变量启动时下发一次：对于只写变量，选择此选项后，组态王运行系统启动时，将初始值向下写一次，否则不写。

> **提示**
>
> ◆ 若将上述"禁止退出运行环境""禁止任务切换"和"禁止 ALT 键"等选

项选中时，只有使用组态王提供的内部函数 Exit（Option）退出运行系统。

（2）运行系统简介。

配置好运行系统之后，就可以启动运行系统环境了。在开发系统中单击工具条"VIEW"按钮或快捷菜单中"切换到 View"命令后，进入组态王运行系统。关于运行系统中菜单的详细情况请参考《组态王使用手册》。

当开发的组态工程运行之后，会在 Windows 操作系统的状态栏显示出一个"信息窗口"。

组态王信息窗口是一个独立的 Windows 应用程序，用来记录、显示组态王开发和运行系统在运行状态时的信息。信息窗口中显示的信息可以作为一个文件存于指定的目录中或是用打印机打印出来，供用户查阅。当工程浏览器、TouchView 等启动时，会自动启动信息窗口。

一般情况下启动组态王系统后，在信息窗口中可以显示的信息有：

① 组态王系统的启动、关闭、运行模式；

② 历史记录的启动、关闭；

③ I/O 设备的启动、关闭；

④ 网络连接的状态；

⑤ 与设备连接的状态；

⑥ 命令语言中函数未执行成功的出错信息。

如果用户想要查看与下位设备通信的信息，可以选择运行系统"调试"菜单下的"读成功""读失败""写成功""写失败"等项，则 I/O 变量读取设备上的数据是否成功的信息也会在信息窗口中显示出来。

在组态王信息窗口中可以通过菜单设置窗口信息的"保存路径"、"保存参数"、"打印设置"以及"打印"，并且可以查看历史存储信息等。

提示

◆ 如果运行系统设置时，选择使 TouchView 运行时带有菜单才会显示菜单，否则运行系统中不显示菜单。

1.2.5 问题讨论

（1）试练习工程管理器的其他功能。

（2）当通过工程管理器新建一个工程之后，试看所建工程名称文件夹中有什么内容。

（3）试练习工程浏览器的使用。

任务三　建立一个简单的组态王工程

1.3.1　任务目标

在熟悉组态王工程管理器、浏览器和运行系统的基础上,利用组态王仿真 PLC 寄存器建立一个简单的组态王工程。

1.3.2　任务分析

通过组态王工程管理器新建的工程文件夹中只有一个包含工程基本信息的文件。要想建立一个完整的组态王工程（应用程序），必须进入该工程的集成开发环境（工程浏览器环境），对工程画面、I/O 设备、数据词典、命令语言等做进一步开发，进而运行该工程。

1.3.3　相关知识

1. 几个概念

现场设备（被控对象）：是指工业现场的各种生产设备,包括各种开关、传感器、电动机、电磁阀等。

I/O 设备（物理硬件设备）：是指可以直接和计算机通信的各种智能设备,包括可编程控制器（PLC）、智能模块、板卡、智能仪表、变频器等。

逻辑设备：是在组态王中设定的设备名称,和具体的 I/O 设备是一一对应的,逻辑设备寄存器和 I/O 设备的寄存器之间也是一一对应的。在组态王中通过逻辑设备名实现对 I/O 设备的管理。

变量：是在组态王中定义的数据库,变量和逻辑设备中的寄存器之间是一一对应的。

画面：画面是人机交互的界面,由各种图素对象（不同图型、按钮、曲线、报警、报表窗口等）构成,良好的人机界面是应用软件质量的重要保证。组态王画面开发系统内嵌于工程浏览器。

2. 相互关系

I/O 设备是连接计算机和现场设备的桥梁,I/O 设备中的寄存器是实现组态王软件和现场设备进行数据交换的数据存储区。在组态王中定义的变量是连接计算机（上位机）和 I/O 设备（下位机）的纽带,变量通过逻辑设备寄存器和 I/O 设备中的寄存器一一对应。组态王画面中的图素对象只有和变量建立动画连接,才可以和 I/O 设备进行通信，进而实现通过画面对现场设备进行实时监控，完成相应的功能需求。当然，现场设备、I/O 设备以及计算机之间要想可靠通信，还必须满足相应的总线标准和通信协议。另外，计算机还必须安装 I/O 设备的驱动程序。可以用图 1-20 来说明上述关系。

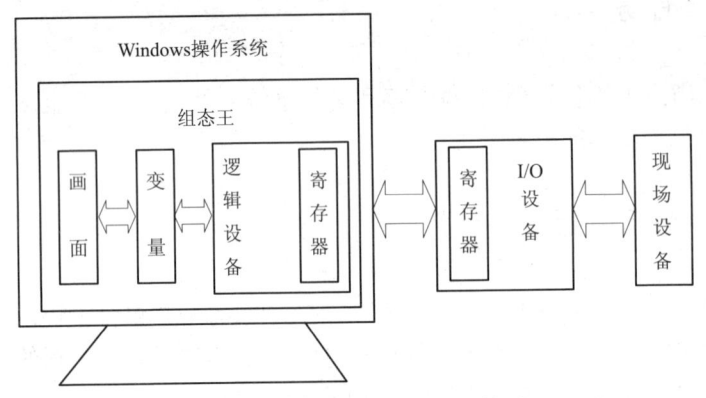

图 1-20 计算机和现场设备通信原理

3. 建立组态王工程的一般步骤

用组态王开发的组态王应用程序称为工程，开发的工程只有在组态王的运行环境下才能正常运行，当然也可用组态打包工具将开发的组态王工程打包之后再安装运行。

建立新组态王工程的一般步骤是：

（1）创建新工程。

为工程创建一个目录用来存放与工程相关的文件。

（2）定义设备。

添加工程中需要的硬件设备。

（3）构造数据库（定义变量）。

定义内存变量以及与硬件设备寄存器所对应的和 I/O 变量。

（4）设计图形界面（定义画面）。

按照实际工程的要求绘制监控画面。

（5）建立动画连接。

建立静态画面中的图形对象和变量的连接关系，使静态画面随着过程控制对象产生动态效果。

（6）编写命令语言。

通过脚本程序的编写以完成较复杂的操作上位控制。

（7）进行运行系统的配置。

对运行系统、报警、历史数据记录、网络、用户等进行设置，使系统完成用于现场前的必备工作。

(8) 保存工程并运行调试。

在画面开发系统中保存工程，然后在运行环境中就可以运行了。当然，还要根据用户要求不断进行调试修改。

需要说明的是，这8个步骤并不是完全独立的，有些步骤常常是交错进行的。

1.3.4 任务实施

1. 创建新工程

假如通过任务二建立了一个新的组态王工程（保存于"D:\我的工程"文件夹中，工程名称为"工程 1"），然后通过工程管理器进入该工程的开发环境——工程浏览器。

2. 定义设备

在工程浏览器的目录显示区中选择"设备\COM1"，在内容显示区中双击"新建"图标，则会弹出"设备配置向导"对话框，如图 1-21 所示。选择"PLC\亚控\仿真 PLC\COM"，单击下一步，按照设备配置向导，给出设备的逻辑名称——仿真 PLC，选择为设备所连接的串口——COM1，设置设备地址——0，通信参数默认设置，最后单击"完成"按钮，完成设备的定义。

另外，在工程浏览器的目录显示区中用鼠标双击 COM1，弹出 COM1 通信参数设置对话框，按如图 1-22 所示设置即可。

图 1-21 "设备配置向导"对话框　　　图 1-22 串口 COM1 通信参数设置对话框

3. 构造数据库（定义变量）

在工程浏览器的目录显示区中选择"数据库\数据词典"，在内容显示区中双击"新建"图标，则会弹出"定义变量"对话框，如图 1-23 所示。对变量名、变量类型等的设置如图中所示，然后单击"确定"按钮，完成变量定义。

4. 设计图形界面（定义画面）

在工程浏览器的目录显示区中选择"文件\画面"，在内容显示区中双击"新建"图标，则会弹出"新画面"对话框，如图1-24所示。

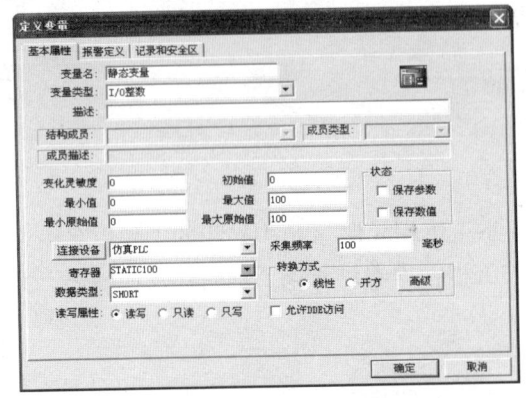

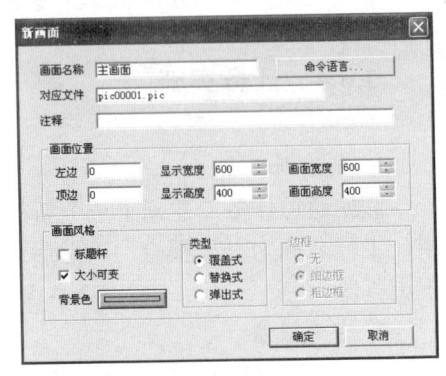

图1-23 "定义变量"对话框　　图1-24 "新画面"对话框

然后输入画面名称——主画面，单击"确定"按钮，则进入画面开发系统。打开图库插入一游标，保存画面，如图1-25所示。

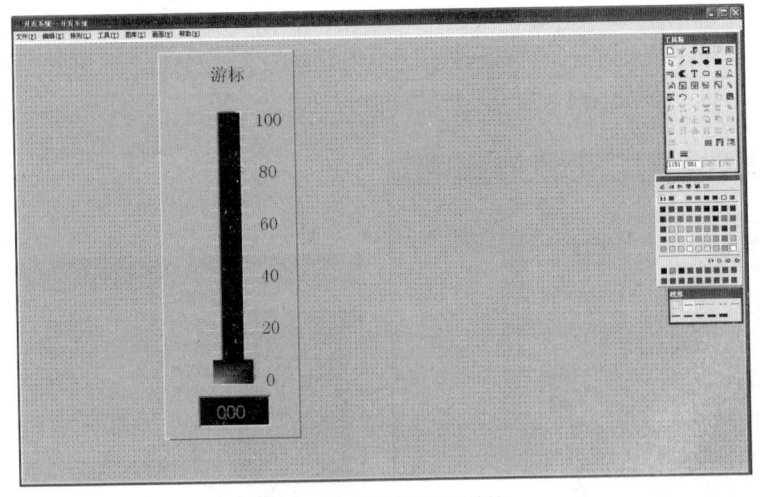

图1-25 画面开发系统

5. 建立动画连接

在画面开发环境中双击游标图形对象，弹出游标属性对话框，单击变量名（模拟量）右侧的"？"，会弹出选择变量名对话框，选中刚才建立的变量——"静态变量"，单击"确定"按钮，回到游标属性设置对话框，如图1-26所示，单击"确定"按钮，完成动画连接。

6. 编写命令语言

在工程浏览器的目录显示区中选择"文件\命令语言\应用程序命令语言"，在

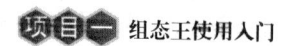

内容显示区中双击"请双击这儿进入<应用程序命令语言>对话框...",则会弹出"应用程序命令语言"对话框。在其中切换到"运行时"属性页,在命令语言编辑框内输入相应的命令语言程序,并将程序扫描周期设为100毫秒,如图1-27所示,单击"确认"按钮。

图1-26 游标属性对话框

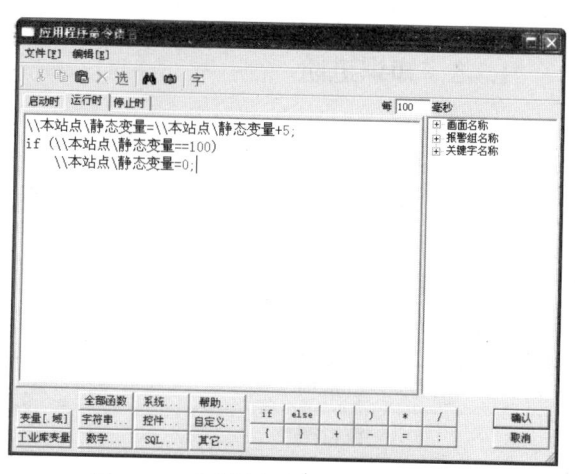

图1-27 "应用程序命令语言"对话框

7. 进行运行系统的配置

在工程浏览器的目录显示区中选择"系统配置",在内容显示区中双击"设置运行系统",则会弹出运行系统设置对话框。按照任务二所述进行运行系统的设置。

8. 切换到运行系统

在工程浏览器中点击工具栏中的"VIEW"工具按钮,或在画面开发系统中选择"文件\切换到View",则进入该工程的运行系统。这时看到游标会从0到100每次5个单位不断增加,到100后又从0开始递增变化,如图1-28所示。

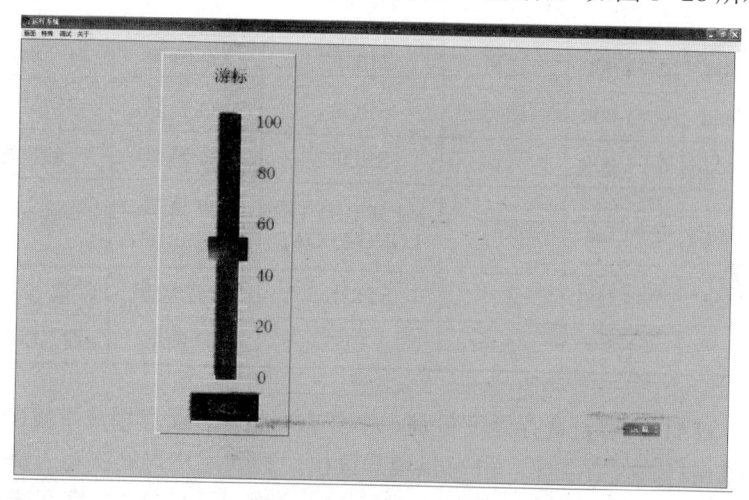

图1-28 工程运行画面

> 提示

　　◆ 一个具体工程很难按照上述步骤一次运行成功，总要经过反复运行调试，最终完成。

1.3.5　知识进阶

1. 组态王仿真 PLC

组态王仿真 PLC 可以作为虚拟设备与组态王进行通信，无需连接硬件。组态王定义设备时选择"PLC\亚控\仿真 PLC\COM"即可。设备地址格式为十进制的一个整数，范围不限。建议的通信参数如表 1-2 所示。

表 1-2　组态王仿真 PLC 通信参数表

设定项	推荐值
波特率	9 600
数据位	8
停止位	1
校验位	偶校验

组态王仿真 PLC 提供 6 种类型的内部寄存器变量：INCREA、DECREA、RADOM、STATIC、STRING、CommErr，这 6 类寄存器变量如表 1-3 所示。

表 1-3　组态王仿真 PLC 寄存器变量表

寄存器格式	寄存器范围	读写属性	数据类型	变量类型	寄存器含义
INCREAdddd	0～1 000	读写	SHORT	I/O 整型	自动加 1 寄存器
DECREAdddd	0～1 000	读写	SHORT	I/O 整型	自动减 1 寄存器
RADOMdddd	0～1 000	只读	SHORT	I/O 整型	随机寄存器
STATICdddd	0～1 000	读写	SHORT\BYTE\LONG\FLOAT	I/O 整型 I/O 实数	常量寄存器
STRINGdddd	0～1 000	读写	STRING	I/O 字符串	常量字符串寄存器
CommErr	—	读写	BIT	I/O 离散	通信状态寄存器

其中，STATIC 常量寄存器变量是一个静态变量，可保存用户下发的数据。当用户写入数据后就保存下来，并可供用户读出，直到用户再一次写入新的数据。此寄存器变量的编号原则是在寄存器名后加上整数值。STATIC 寄存器接收的数

据范围是根据所定义的数据类型确定的，如表 1-4 所示。如果数据类型为 BYTE，输入的数值不得超过 255，否则会发生溢出。

表 1-4　STATIC（常量）寄存器数据类型和接收数据范围对照表

数据类型	接收数据范围
SHORT	−32 768～32 767
BYTE	0～255
LONG	−2 147 483 648～2 147 483 647
FLOAT	10E−38～10E38，有效值 6～7 位

STRING（常量）字符串寄存器变量是一个静态变量，可保存用户下发的字符。用户写入字符后就保存下来，并可供用户读出，直到用户再一次写入新的字符，字符串长度最大值为 128 个字符。

CommErr（通信状态）寄存器变量为可读写的离散变量，用户通过控制 CommErr 寄存器状态来控制运行系统与仿真 PLC 通信，将 CommErr 寄存器置为打开状态（CommErr=1）时中断通信，置为关闭状态（CommErr=0）后恢复运行系统与仿真 PLC 之间的通信。

2. 组态王打包工具

组态王工程打包工具的主要作用，是把组态王工程运行需要调用的文件组成一个运行包，可以使客户在现场的机器上，不用安装组态王软件，直接安装运行包，即可运行组态王工程。

组态王打包工具由两部分组成：创建运行包工具 RunPacket 和安装运行包工具 RunSetup。在安装了组态王的机器上开发好组态王工程，通过创建运行包工具 RunPacket 把运行组态王工程需要使用的组态王的程序文件、工程文件以及用户定制的文件制作成一个安装包 RunPacket.kpt。在没有安装组态王的机器上通过运行安装运行包工具 RunSetup 执行安装。安装后组态王的程序文件和工程文件分别放到指定的路径下，直接运行组态王运行系统，工程正确运行。关于组态王打包工具的使用详见《组态王工程打包工具使用说明》。

1.3.6　问题讨论

（1）在教师指导下，试建立一个包含组态王仿真 PLC 所有寄存器应用的工程（在以后的任务实施过程中将会十分有用）。

（2）将所建立的组态王工程打包，并安装到没有组态王软件的机器上运行。

项目二　I/O 设备管理

项目任务单

项目任务	1. 熟悉组态王逻辑设备的分类； 2. 掌握组态王中设备的定义； 3. 掌握组态王开发环境下的设备通信测试以及如何在运行中判断和控制设备的通信状态。
工艺要求及参数	1. 组态王中设备的定义必须正确； 2. 掌握组态王开发环境下的设备通信测试的具体方法； 3. 通过文本输出和按钮等在运行中正确判断和控制设备的通信状态。
项目需求	1. 了解常用工控板卡、智能模块、智能仪表、PLC 等； 2. 计算机串行通信及通信参数的基本概念。
提交成果	1. 在组态王中定义基于串口、DDE、板卡、网络模块、网络设备等设备； 2. 定义网络站点设备、设置网络方式并进行远程变量的数据采集； 3. 建立一个工程，在完成亚控仿真 PLC 设备定义后，对相关寄存器进行通信测试； 4. 用某一设备 CommErr 寄存器的状态，来控制和判断设备与组态王之间的通信状态。

任务一　定义设备

2.1.1　任务目标

熟悉组态王逻辑设备的分类，掌握组态王中定义设备的过程，了解组态王与远程 I/O 设备的连接。

2.1.2　任务分析

组态王中定义设备的过程比较简单，关键是要知道和组态王通信的实际 I/O 设备，以及正确设置相应的通信参数。

2.1.3　相关知识

组态王支持的硬件设备包括：可编程控制器（PLC）、智能模块、板卡、智能仪表，变频器等。工程人员可以把每一台下位机看作一种设备，不必关心具体的通信协议，只需要在组态王的设备库中选择设备的类型，然后按照"设备配置向导"的提示一步步完成安装即可，使驱动程序的配置更加方便。

组态王支持的几种通信方式包括：串口通信、数据采集板、DDE 通信、人机界面卡、网络模块、OPC 等。

组态王设备管理中的逻辑设备分为：DDE 设备、板卡类设备（即总线型设备）、串口类设备、人机界面卡、网络模块等。工程人员根据自己的实际情况通过组态王的设备管理功能来配置定义这些逻辑设备，下面分别介绍这五种逻辑设备。

1. 串口类设备

串口类逻辑设备实际上是组态王内嵌的串口驱动程序的逻辑名称，内嵌的串口驱动程序不是一个独立的 Windows 应用程序，而是以 DLL 形式供组态王调用，这种内嵌的串口驱动程序对应着实际与计算机串口相连的 I/O 设备，因此，一个串口逻辑设备也就代表了一个实际与计算机串口相连的 I/O 设备。组态王与串口类逻辑设备之间的关系如图 2-1 所示。

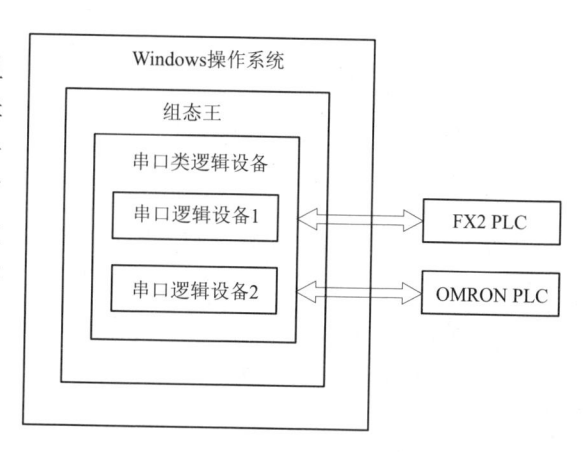

图 2-1 组态王与串口设备之间的关系

2. DDE 设备

DDE 是一种动态数据交换机制（Dynamic Data Exchange，DDE）。使用 DDE 通信需要两个 Windows 应用程序，其中一个作为服务器处理信息，另外一个作为客户机从服务器获得信息。客户机应用程序向当前所激活的服务器应用程序发送一条消息请求信息，服务器应用程序根据该信息作出应答，从而实现两个程序之间的数据交换。

DDE 设备是指与组态王进行 DDE 数据交换的 Windows 独立应用程序，因此，DDE 设备通常就代表了一个 Windows 独立应用程序，该独立应用程序的扩展名通常为.exe 文件，组态王与 DDE 设备之间通过 DDE 协议交换数据，如：Excel 是 Windows 的独立应用程序，当 Excel 与组态王交换数据时，就是采用 DDE 的通信方式进行；又比如，北京亚控公司开发的莫迪康 Micro37 的 PLC 服务程序也是一个独立的 Windows 应用程序，此程序用于组态王与莫迪康 Micro37 PLC 之间进行数据交换，则可以给服务程序定义一个逻辑名称作为组态王的 DDE 设备，组态王与 DDE 设备之间的关系如图 2-2 所示。

通过此结构图，可以进一步理解 DDE 设备的含义，显然，组态王、Excel、

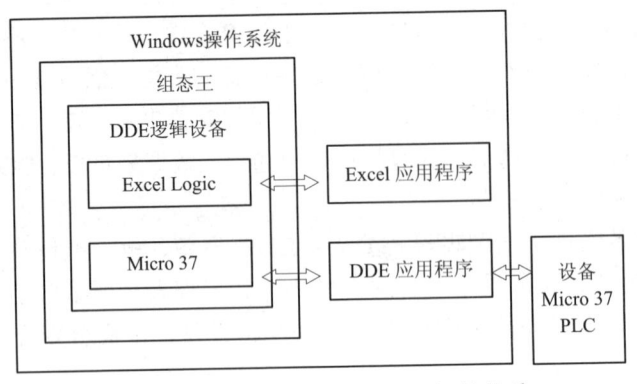

图 2-2　组态王与 DDE 设备之间的关系

Micro37 都是独立的 Windows 应用程序，而且都要处于运行状态，再通过给 Excel、Micro37 DDE 分别指定一个逻辑名称，则组态王通过 DDE 设备就可以和相应的应用程序进行数据交换。

　　3. 板卡类设备

　　板卡类逻辑设备实际上是组态王内嵌的板卡驱动程序的逻辑名称，内嵌的板卡驱动程序不是一个独立的 Windows 应用程序，而是以 DLL 形式供组态王调用，这种内嵌的板卡驱动程序对应着实际插入计算机总线扩展槽中的 I/O 设备，因此，一个板卡逻辑设备也就代表了一个实际插入计算机总线扩展槽中的 I/O 板卡。组态王与板卡类逻辑设备之间的关系如图 2-3 所示。

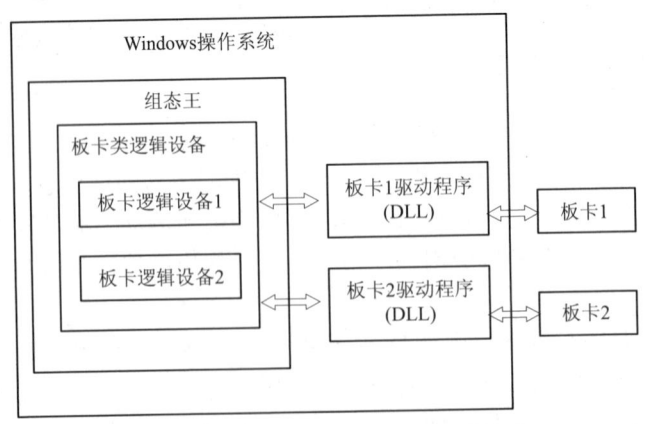

图 2-3　组态王与板卡设备之间的关系

　　显然，组态王根据工程人员指定的板卡逻辑设备自动调用相应内嵌的板卡驱动程序，因此对工程人员来说只需要在逻辑设备中定义板卡逻辑设备，其他的事情就由组态王自动完成。

　　4. 人机界面卡

　　人机界面卡又可称为高速通信卡，它既不同于板卡，也不同于串口通信，它往往由硬件厂商提供，如西门子公司的 S7-300 用的 MPI 卡、莫迪康公司的 SA85 卡。其工作原理和通信示意图如图 2-4 所示。

通过人机界面卡可以使设备与计算机进行高速通信，这样不占用计算机本身所带 RS-232 串口，因为这种人机界面卡一般插在计算机的 ISA 板槽上。

5. 网络模块

组态王利用以太网和 TCP/IP 协议可以与专用的网络通信模块进行连接，通过以太网与上位机相连，该单元和其他计算机上的组态王运行程序使用 TCP/IP 协议，连接示意图如图 2-5 所示。

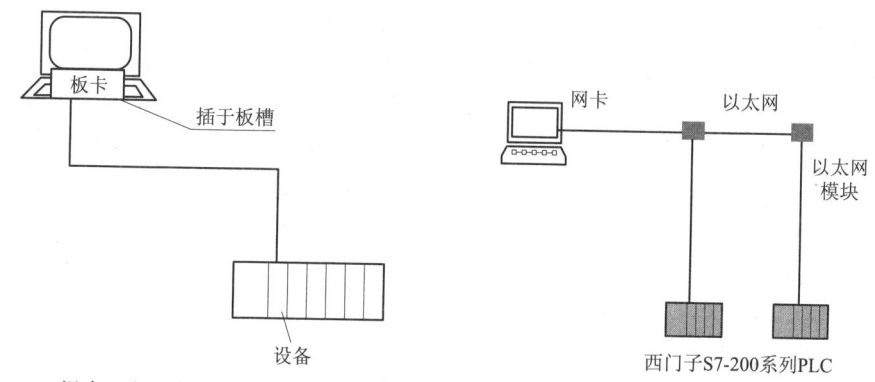

图 2-4　组态王与人机界面卡设备之间的关系　　图 2-5　组态王与网络模块设备之间的关系

6. 网络站点

分布在控制系统中的组态王之间可以通过网络进行通信，访问实时数据。远程访问组态王的实时数据有两种方式：其一是在客户端上定义服务器站点为一个网络站点设备，然后在客户端上定义变量与该网络站点上的变量连接，访问实时数据；第二种是使用组态王的网络功能直接引用远程站点上的变量，而无需在客户端上定义变量。第二种方式请参见《组态王使用手册》中的网络功能部分。这两种方式的特点为：

（1）客户端均可以访问到服务器上的实时数据。

（2）第一种方式需要在客户端上定义变量，如果需要访问的数据较多时，工作量较大，客户端系统的点数也会增加，但可以在本机上直接进行历史数据记录、产生报警等。

（3）第二种方式无需在客户端上定义变量，直接引用服务器上的组态王变量，系统的点数也不会额外增加，但历史数据的访问等只能从历史数据服务器上获得。

在下面的任务实施中主要讲述第一种方式的配置方法。

7. OPC 设备

OPC 是 OLE for Process Control 的缩写，即把 OLE 应用于工业控制领域。OLE 原意是对象链接和嵌入，随着 OLE 2 的发行，其范围已远远超出了这个概念。现在的 OLE 包容了许多新的特征，如统一数据传输、结构化存储和自动化，已经成为独立于计算机语言、操作系统甚至硬件平台的一种规范，是面向对象程序设计概念的进一步推广。OPC 建立于 OLE 规范之上，它为工业控制领域提供了一种标准的数据访问机制。

工业控制领域用到大量的现场设备，在 OPC 出现以前，软件开发商需要开发大量的驱动程序来连接这些设备。即使硬件供应商在硬件上做了一些小小改动，应用程序就可能需要重写；同时，由于不同设备甚至同一设备不同单元的驱动程序也有可能不同，软件开发商很难同时对这些设备进行访问以优化操作。硬件供应商也在尝试解决这个问题，然而由于不同客户有着不同的需要，同时也存在着不同的数据传输协议，因此也一直没有完整的解决方案。

自 OPC 提出以后，这个问题终于得到解决。OPC 规范包括 OPC 服务器和 OPC 客户两个部分，其实质是在硬件供应商和软件开发商之间建立了一套完整的"规则"，只要遵循这套规则，数据交互对两者来说都是透明的，硬件供应商无需考虑应用程序的多种需求和传输协议，软件开发商也无需了解硬件的实质和操作过程。

关于 OPC 服务器和基于 OPC 方式的通信互联详见项目十一中的任务二。

2.1.4 任务实施

在了解了组态王逻辑设备的概念后，工程人员就可以轻松地在组态王中定义所需的设备了。进行 I/O 设备的配置时将弹出相应的配置向导页，使用这些配置向导页可以方便快捷地添加、配置、修改硬件设备。组态王提供大量不同类型的驱动程序，工程人员根据自己实际安装的 I/O 设备选择相应的驱动程序即可。

1. 定义串口类设备

工程人员根据设备配置向导就可以完成串口设备的配置，组态王最多支持 128 个串口。下面以西门子 S7-200 PLC 串口 PPI 通信为例，说明定义串口类设备的操作步骤。

（1）在工程浏览器的目录显示区，用鼠标左键单击大纲项设备下的成员 COM1 或 COM2，则在目录内容显示区出现"新建"图标，如图 2-6 所示。

双击"新建"图标后，弹出"设备配置向导"对话框，或者用右键单击，则弹出快捷菜单，选择菜单命令"新建逻辑设备"，也弹出"设备配置向导"对话框，如图 2-7 所示。

工程人员从树形设备列表区中可选择 PLC、智能仪表、智能模块、板卡、变

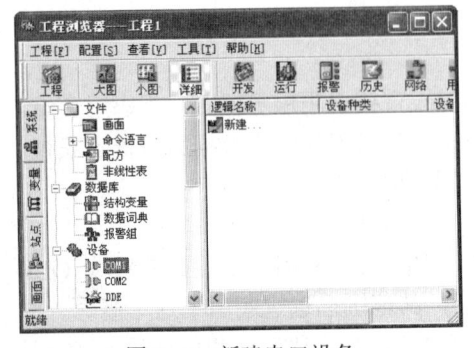

图 2-6 新建串口设备

频器等节点中的一个。然后选择要配置串口设备的生产厂家、设备名称、通信方式。

（2）单击"下一步"按钮，弹出"设备配置向导——逻辑名称"对话框，如图2-8所示。工程人员给要配置的串口设备指定一个逻辑名称。

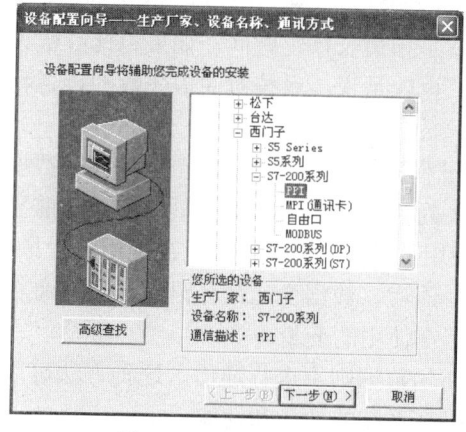

图2-7　串口配置向导　　　　　　　　　图2-8　设备逻辑名称

（3）单击"下一步"按钮，弹出"设备配置向导——选择串口号"对话框，如图2-9所示。工程人员为配置的串行设备指定与计算机相连的串口号，该下拉式串口列表框共有128个串口号供工程人员选择。

（4）单击"下一步"按钮，则弹出"设备配置向导——设备地址设置指南"对话框，如图2-10所示。工程人员要为串口设备指定设备地址，该地址应该对应实际的设备定义的地址，具体请参见组态王设备帮助。若要修改串口设备的逻辑名称，单击"上一步"按钮，则可返回上一个对话框。

图2-9　选择设备连接的串口　　　　　　图2-10　设置设备地址

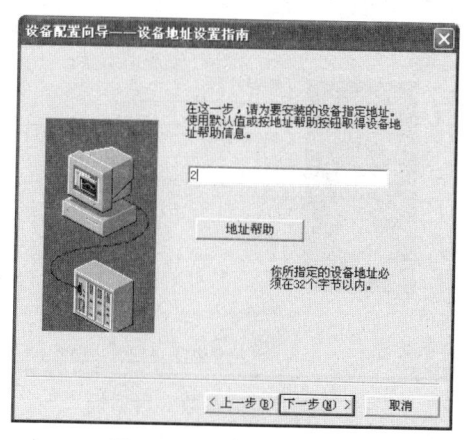

（5）单击"下一步"按钮，则弹出"通信参数"对话框，如图2-11所示。此向导页配置一些关于设备在发生通信故障时，系统尝试恢复通信的策略参数。

① 尝试恢复时间：在组态王运行期间，如果有一台设备如 PLC1 发生故障，则组态王能够自动诊断并停止采集与该设备相关的数据，但会每隔一段时间尝试恢复与该设备的通信，如图 2-11 所示尝试时间间隔为 30 s。

② 最长恢复时间：若组态王在一段时间之内一直不能恢复与 PLC1 的通信，则不再尝试恢复与 PLC1 通信，这一时间就是指最长恢复时间。如果将此参数设为 0，则表示最长恢复时间参数设置无效，也就是说，系统对通信失败的设备将一直进行尝试恢复，不再有时间上的限制。

③ 使用动态优化：组态王对全部通信过程采取动态管理的办法，只有在数据被上位机需要时才被采集，这部分变量称之为活动变量。活动变量包括：当前显示画面上正在使用变量；历史数据库正在使用的变量；报警记录正在使用的变量；命令语言中（应用程序命令语言、事件命令语言、数据变化命令语言、热键命令语言、当前显示画面用的画面命令语言）正在使用的变量。

同时，组态王对于那些暂时不需要更新的数据则不进行通信。这种方法可以大大缓解串口通信速率慢的矛盾，有利于提高系统的效率和性能。

例如，工程人员为一台 PLC 定义了 1 000 多个 I/O 变量，但在某一时刻，显示画面上的动态连接、历史记录、报警、命令语言等，可能只使用 1 000 个 I/O 变量中的一部分，在这种情况下组态王通过动态优化将只采集这些活动变量。当系统中 I/O 变量数目明显增加时，这种通信方式可以保证数据采集周期不会有太大变化。

（6）单击"下一步"按钮，弹出"设备配置向导——信息总结"对话框，如图 2-12 所示。

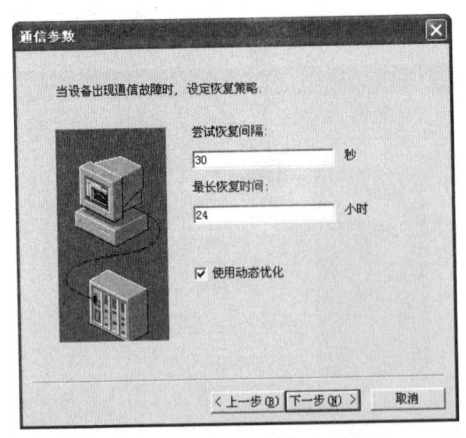

图 2-11 "通信参数"对话框　　　　　图 2-12 配置信息汇总

此向导页显示已配置的串口设备的设备信息，供工程人员查看，如果需要修改，单击"上一步"按钮，则可返回上一个对话框进行修改，如果不需要修改，单击"完成"按钮，则工程浏览器设备节点处显示已添加的串口设备。

（7）设置串口参数。对于不同的串口设备，其串口通信的参数是不一样的，如波特率、数据位、校验类型、停止位等。所以在定义完设备之后，还需要对计算机通信时串口的参数进行设置。如上面定义设备时，选择了COM1口，则在工程浏览器的目录显示区选择"设备"，双击"COM1"图标，弹出"设置串口——COM1"对话框，如图2-13所示。

图2-13 "设置串口COM1"对话框

在"通信参数"栏中，选择设备对应的波特率、数据位、校验类型、停止位等，这些参数的选择可以参考组态王的相关设备帮助或按照设备中通信参数的配置。"通信超时"为默认值，除非特殊说明，一般不需要修改。"通信方式"是指计算机一侧串口的通信方式，是RS-232或RS-485，一般计算机都为RS-232，按实际情况选择相应的类型即可。

2. 定义DDE设备

工程人员根据设备配置向导就可以完成DDE设备的配置，下面以组态王和Excel进行DDE通信为例，说明定义DDE设备的操作步骤。

（1）在工程浏览器的目录显示区中单击大纲项"设备"下的成员DDE，则在目录内容显示区出现"新建"图标，如图2-14所示。双击"新建"图标弹出"设备配置向导"对话框，或者右击"新建"图标，在弹出的快捷菜单中选择"新建DDE节点"菜单命令，也弹出"设备配置向导"对话框，如图2-15所示。工程人员从树形设备列表区中选择DDE节点。

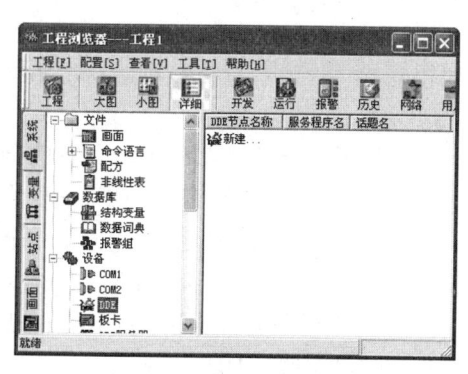

图2-14 DDE设备配置

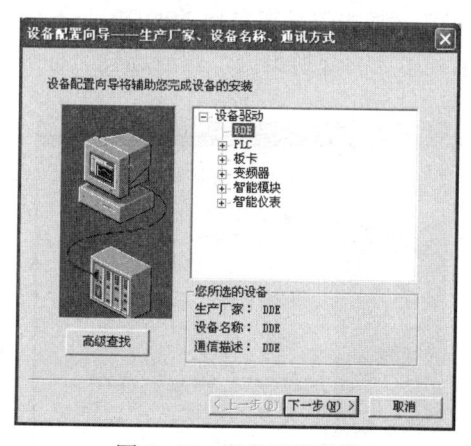

图2-15 设备配置向导

（2）单击"下一步"按钮，弹出"设备配置向导——逻辑名称"对话框，如图2-16所示。在对话框的编辑框中为DDE设备指定一个逻辑名称，如

"ExcelToView"。

（3）单击"下一步"按钮，则弹出"设备配置向导——DDE"对话框，在此为 DDE 设备指定 DDE 服务程序名、话题名、数据交换方式，如图 2-17 所示。

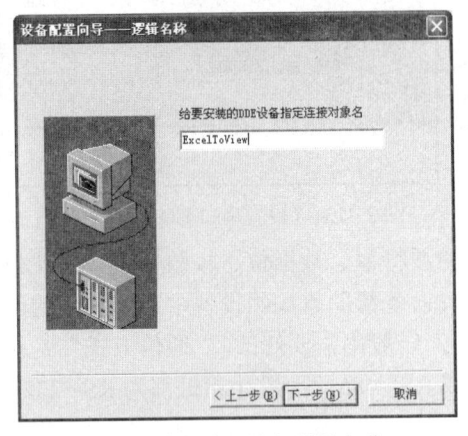

图 2-16　填入设备逻辑名称　　　　图 2-17　填入 DDE 服务器配置信息

对话框中各项的含义如下：

① 服务程序名：是与"组态王"交换数据的 DDE 服务程序名称，一般是 I/O 服务程序，或者是 Windows 应用程序。本例中是 Excel.exe。

② 话题名：是本程序和服务程序进行 DDE 连接的话题名（Topic），如图 2-17 所示，Excel 程序的工作表名 sheet1。

③ 数据交换形式：是指 DDE 会话的两种方式，"高速块交换"是亚控公司开发的通信程序采用的方式，它的交换速度快，如果工程人员是按照标准的 Windows DDE 交换协议开发自己的 DDE 服务程序，或者是在组态王和一般的 Windows 应用程序之间交换数据，则应选择"标准的 Windows 项目交换"选项。

（4）单击"下一步"按钮，则弹出"设备配置向导——信息总结"对话框，如图 2-18 所示。

此向导页显示已配置的 DDE 设备的全部设备信息，供工程人员查看，如果需要修改，单击"上一步"按钮，则可返回上一个对话框进行修改，如果不需要修改，单击"完成"按钮，则工程浏览器设备节点下的 DDE 节点处显示已添加的 DDE 设备。

（5）DDE 设备配置完成后，分别启动 DDE 服务程序和组态王的 TouchView 运行环境。

图 2-18　DDE 设备配置信息汇总

3. 定义板卡类设备

工程人员根据设备配置向导就可以完成板卡设备的配置，下面以研华 PCL812PG 多功能数据采集板卡为例，说明定义板卡类设备的操作步骤。

（1）在工程浏览器的目录显示区中单击大纲项"设备"下的成员"板卡"，则在目录内容显示区出现"新建"图标，如图 2-19 所示。双击"新建"图标后，弹出"设备配置向导"列表对话框；或者右击"新建"图标，在弹出的快捷菜单中选择"新建板卡"菜单命令，也弹出"设备配置向导"列表对话框，如图 2-20 所示。从树形设备列表区中选择板卡节点，然后选择要配置板卡设备的生产厂家、设备名称，如"板卡/研华/PCL812PG"。

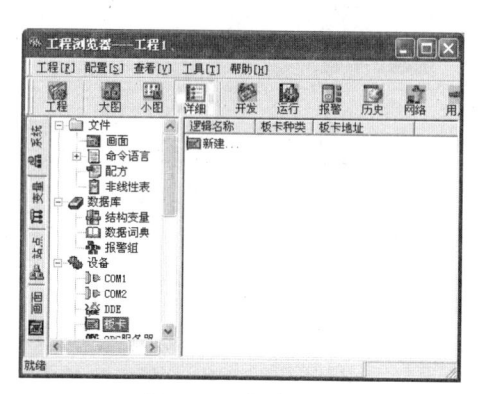

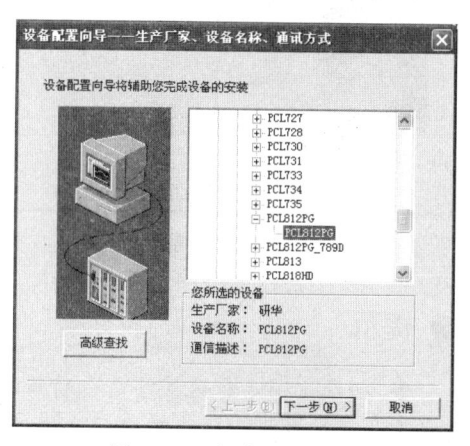

图 2-19 板卡配置　　　　　图 2-20 板卡配置向导

研华 PCL812PG 多功能数据采集板具有 16 路 12 位转换率单端模拟量输入通道；2 路 12 位转换率模拟量输出通道，16 路数字量输入通道，16 路数字量输出通道，12 路 16 位定时/计数器。

（2）单击"下一步"按钮，弹出"设备配置向导——逻辑名称"，如图 2-21 所示。工程人员给要配置的板卡设备指定一个逻辑名称。

（3）单击"下一步"按钮，弹出"设备配置向导——板卡地址"对话框，如图 2-22 所示。工程人员要为板卡设备指定板卡地址、初始化字（PCL812PG 没有初始化字）、AD 转换器的输入方式（单端或双端）。

（4）单击"下一步"按钮，弹出"设备配置向导——信息总结"对话框，汇总当前定义的设备的全部信息，如图

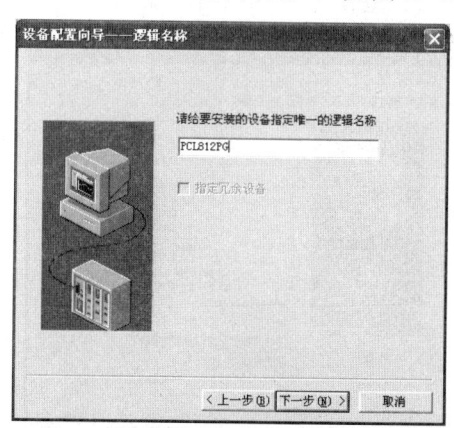

图 2-21 填入板卡逻辑名称

2-23 所示。此向导页显示已配置的板卡设备的设备信息，供工程人员查看，如果需要修改，单击"上一步"按钮，则可返回上一个对话框进行修改，如果不需要修改，单击"完成"按钮，则工程浏览器设备节点下的板卡节点处显示已添加的板卡设备。

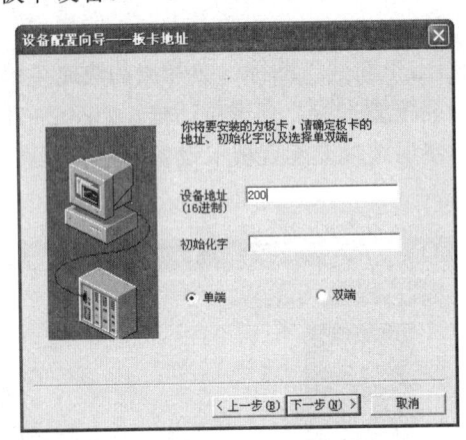

图 2-22 填入板卡配置信息　　　　图 2-23 板卡配置信息汇总

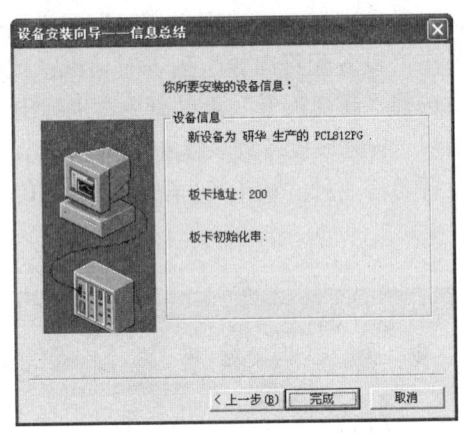

提示

◆ 初始化字是针对某些需要特殊控制的板卡提供的，如有 8255 芯片的板卡，用户需要通过初始化字来确定每个通道的输入、输出状态。另外，有一些带有计数器的板卡也需要相应的初始化字配置。

◆ 单端、双端是针对于模拟信号的输入而言，根据模拟信号放大器的不同选用不同的输入方式，详见各硬件厂商板卡说明书。

4. 定义带网络模块的设备

有些设备如 PLC 的通信模块为网络模块，支持 TCP/IP 协议，通过该模块与上位机进行数据交换。下面以西门子 S7200 PLC 的 CP243-1 以太网通信设备为例，其步骤如下。

（1）在组态王工程浏览器中双击"设备\新建"图标，弹出设备配置向导对话框，依次选择节点"PLC\西门子\S7-200 系列（TCP）\TCP"，如图 2-24 所示。

（2）单击"下一步"按钮，弹出"设备配置向导——逻辑名称"对话框，如图 2-25 所示。在编辑框中输入设备在组态王中的逻辑名称，如"Siemens_PLC"。

图 2-24 选择以太网设备

（3）单击"下一步"按钮，弹出"设备配置向导——设备地址设置"对话框，如图2-26所示。在地址编辑栏中输入"172.16.2.72：0"（设备地址范围组成方式为：PLC 的 IP 地址：CPU 槽号"。西门子 S7-200TCP 默认 CPU 槽号为 0）。

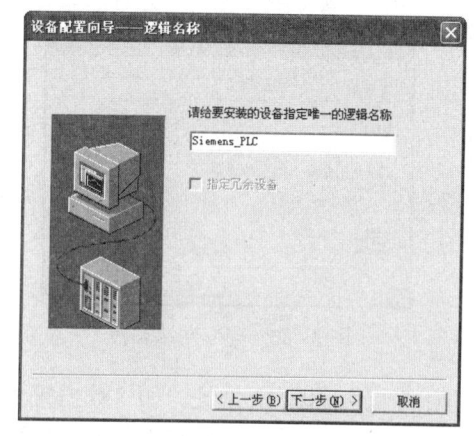

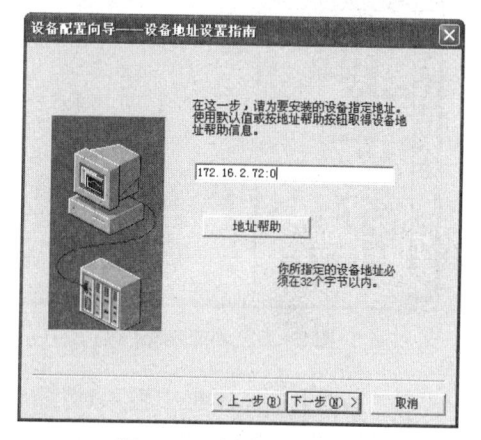

图2-25 设备逻辑名称

图2-26 设备地址设置

（4）单击"下一步"按钮，弹出"通信参数"对话框，如图2-27所示。修改设备通信出现故障时的尝试恢复策略。

（5）单击"下一步"按钮，弹出"设备配置向导——信息总结"对话框，如图2-28所示。

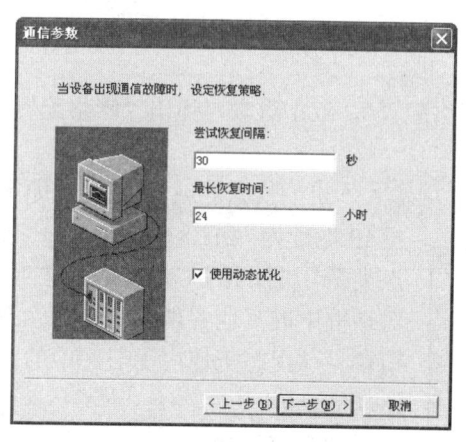

图2-27 通信参数设置

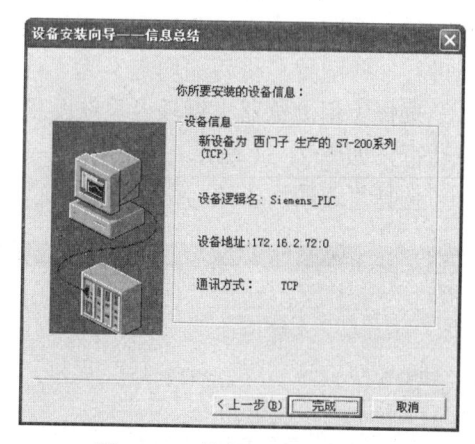

图2-28 设备配置信息总结

（6）单击"完成"按钮，完成设备配置。
5. 定义组态王作为网络设备
（1）定义网络站点设备。

该功能使用在组态王"NET VIEW"方式下。在工程浏览器的目录显示区，选择大纲项"设备\网络站点"，在右侧的内容显示区显示"新建"图标，如图2-29

35

所示。双击"新建"图标，弹出网络节点对话框，如图2-30所示。

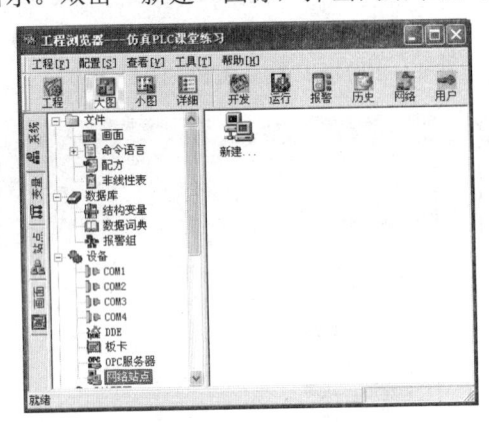

图2-29 建立网络站点　　　　　图2-30 建立网络站点

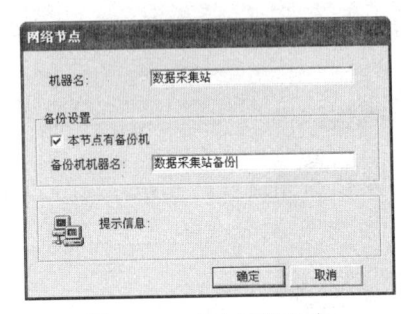

在"机器名"文本框中输入远程站点的计算机名称或IP地址，如"数据采集站"。如果远程站点有备份机，选择"本节点有备份机"选项，并在"备份机机器名"文本框中输入备份机的名称。这样，当远程站点出现故障切换到备份机时，本地站点也可以自动切换到备份机与备份机进行通信，保证数据的完整性。输入完成后，单击"确定"按钮。这样一个网络站点设备就建立完成了。在工程浏览器"设备\网络站点"下会出现一个名为"数据采集站"的网络站点设备。

（2）定义网络方式。

建立完网络站点设备后，使用该设备之前，应对客户端和服务器端的网络功能进行一些配置。将两端均定义为"连网"模式。

选择工程浏览器大纲项"系统配置\网络配置"，双击该项，弹出"网络配置"对话框，如图2-31所示。

选择"连网"选项，在"本机节点名"中输入本机的机器名或IP地址，如本机IP地址为：211.81.97.60。在"节点类型"属性页中，选择所有选项。对话框中的其他各项的定义和修改请参见《组态王使用手册》中的网络功能。

（3）定义变量。

在变量的"连接设备"列表中选择网络站点设备，在"远程变量"编辑框中输入对应的远程变量的变量名，如远程变量为"数据采集站自动加1"，如图2-32所示。这样可以将远程站点上的组态王实时数

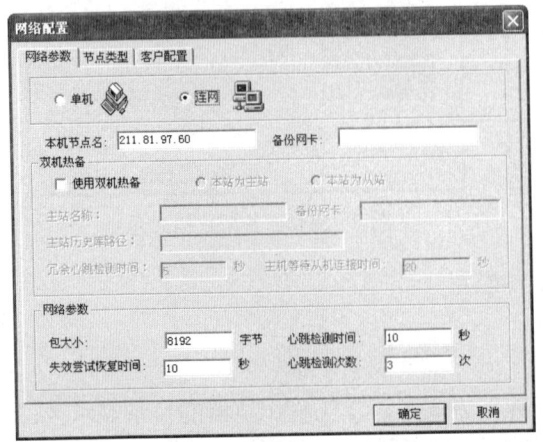

图2-31 "网络配置"对话框

据采集到客户端上来，实现网络上组态王之间的互相通信。

2.1.5 知识进阶

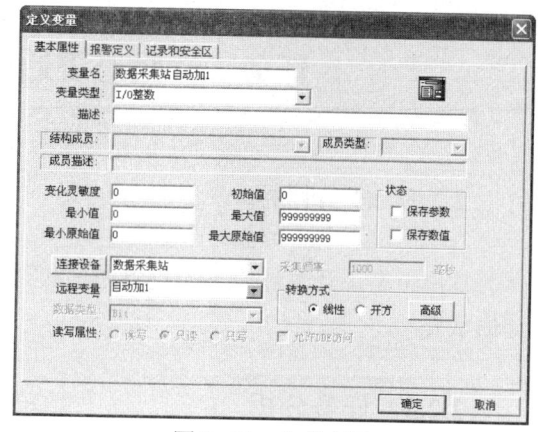

组态王除了支持串口通信、数据采集板、DDE 通信、人机界面卡、网络模块、OPC 之外，还支持对标准 RS-232 串口通信的设备用 Modem 拨号进行访问的方式和 GPRS 无线通信。

图 2-32 定义变量

对设备通过 Modem 拨号进行数据采集，在很大程度上方便了用户进行远程调试、监控和数据采集。但用户须慎用，因为 Modem 拨号只适用于简单的标准的 RS-232 串口通信设备，对于如 RS-232C 链路、电流环等特殊 RS-232 串口设备不支持。

随着移动推出 GPRS 无线数据传输以来，GPRS 的通信速度快、通信费用低、组网灵活等优点，越来越被广大客户看好。GPRS 数传终端，具有 TCP/IP 协议转换功能，不需要用户提供 TCP/IP 的支持，可适用于所有带串口的终端设备。通过 GPRS 网络平台实现数据信息的无线和透明传输，为不具备 TCP/IP 协议处理的终端设备提供了 GPRS 通信的能力。目前，GPRS 数传终端已被广泛地应用于环保、水文水利、油田、电力、工业控制等各个领域，在数据的远程传输和监控方面得到了很好的应用。用户使用 GPRS 和组态王通信时的示意图，如图 2-33 所示。

关于组态王使用 Modem 和 GPRS 进行通信的详细内容请参考《组态王使用手册》。

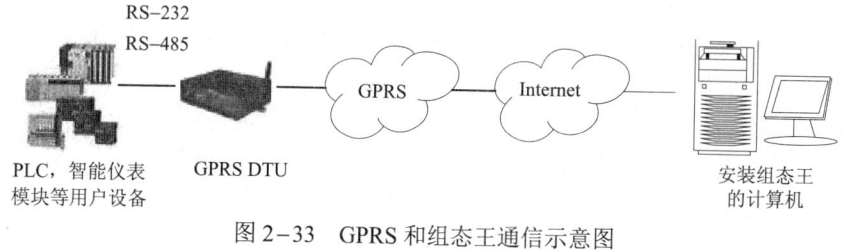

图 2-33 GPRS 和组态王通信示意图

2.1.6 问题讨论

（1）试着添加组态王支持的各种设备。

（2）每两人一组，练习如何定义网络站点设备、设置网络方式并进行远程变量的数据采集。

（3）进一步了解组态王使用 Modem 和 GPRS 进行通信的详细内容。

任务二　组态王通信的特殊功能

2.2.1　任务目标

掌握组态王开发环境下的设备通信测试以及如何在运行中判断和控制设备的通信状态。

2.2.2　任务分析

在完成设备定义后,通过组态王通信的特殊功能对硬件寄存器进行通信测试,了解设备的通信状态,进而正确建立变量。组态王为每一个设备都定义了 CommErr 寄存器,通过该寄存器可以判断和控制组态王与设备通信的通断情况。

2.2.3　相关知识

1. 开发环境下的设备通信测试

为保证用户对硬件的方便使用,在完成设备配置与连接后,而尚未定义变量之前,用户在组态王开发环境中即可以对硬件寄存器进行测试,这样为后续工作能够顺利进行提供可靠保证。

2. 在运行系统中判断和控制设备通信状态

组态王的驱动程序(除 DDE 外)为每一个设备都定义了 CommErr 寄存器,该寄存器表征设备通信的状态,是故障还是正常状态。另外,用户还可以通过修改该寄存器的值控制设备通信的通断。

在使用该功能之前,应该先为该寄存器定义一个 I/O 离散型变量,变量为读写型。当该变量的值为 0 或被置为 0 时,表示通信正常或恢复通信。当变量的值为 1 或被置为 1 时,表示通信出现故障或暂停通信。

另外,当某个设备通信出现故障时,画面上与故障设备相关联的 I/O 变量的数值输出显示都变为"???"号,表示出现了通信故障。当通信恢复正常后,该符号消失,恢复为正常数据显示。

2.2.4　任务实施

对于测试的寄存器可以直接将其加入到变量列表中。当用户选择某设备后,单击鼠标右键弹出浮动式菜单,除 DDE 外的设备均有菜单项"测试设备名"。如定义亚控仿真 PLC 设备，在设备名称上右击，弹出快捷菜单，如图 2-34 所示。

使用设备测试时，单击"测试…"菜单，对于不同类型的硬件设备将弹出不同的对话框，如对于串口通信设备（亚控仿真 PLC）将弹出如图 2-35 所示的对话框。

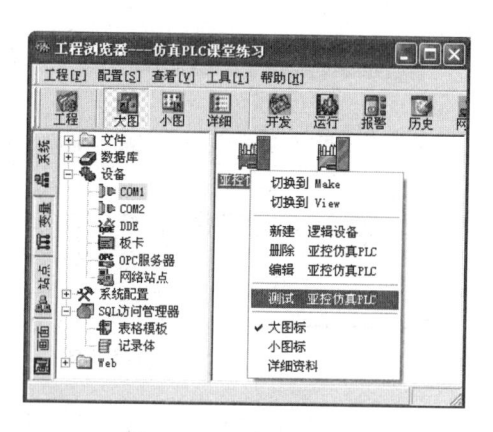

图 2-34　硬件设备测试

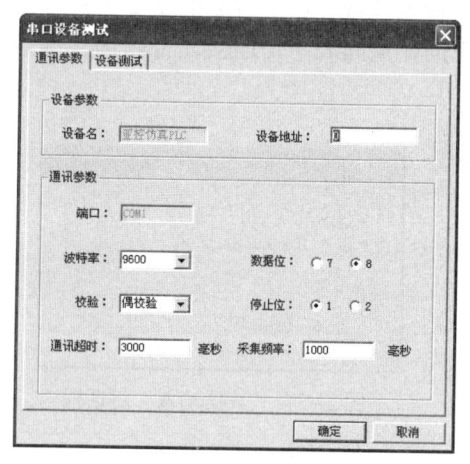

图 2-35　"串口设备测试"对话框

对话框共分为两个两个属性页：通信参数、设备测试。"通信参数"属性页中主要定义设备连接的串口的参数、设备的定义等。

设备测试页如图 2-36 所示，在此可选择要进行通信测试的设备的寄存器。

寄存器：从寄存器列表中选择寄存器名称，并填写寄存器的序号，如本例中的"INCREA"寄存器的"INCREA100"。然后从"数据类型"列表框中选择寄存器的数据类型。

添加：单击该按钮，将定义的寄存器添加到"采集列表"中，等待采集。

删除：如果不再需要测试某个采集列表中的寄存器，在采集列表中选择该寄存器，单击该按钮，将选中的寄存器从采集列表中删除。

读取/停止：当没有进行通信测试的时候，"读取"按钮可见，单击该按钮，对采集列表中定义的寄存器进行数据采集。同时，"停止"按钮变为可见。当需要停止通信测试时，单击"停止"按钮，停止数据采集，同时"读取"按钮变为可见。

向寄存器赋值：如果定义的寄存器是可读写的，则测试过程中，在"采集列表"

图 2-36　串口设备测试—设备测试属性页

中双击该寄存器的名称，弹出"数据输入"对话框，如图 2-37 所示。在"输入数据"文本框中输入数据，单击确定按钮，数据便被写入该寄存器。

加入变量：将当前在采集列表中选择的寄存器定义一个变量，添加到组态王的数据词典中。单击该按钮，弹出变量名称对话框，如图 2-38 所示。在编辑框中输入该寄存器所对应的变量名称，单击"确定"按钮，该变量便加入到了组态王的变量列表中，连接设备和寄存器为当前的设备和寄存器。

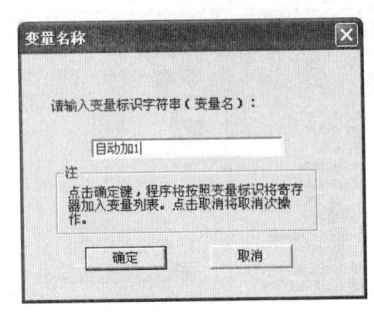

图 2-37 "数据输入"对话框　　图 2-38 加入变量—输入变量名称

全部加入：将当前采集列表中的所有寄存器按照给定的第一个变量名称全部增加到组态王的变量列表中，各个变量的变量名称为定义的第一个变量名称后增加序号。如定义的第一个变量名称为"变量"，则以后的变量依次为"变量1""变量2"…

采集列表：采集列表主要为显示定义的通信测试的寄存器，以及进行通信时显示采集的数据、数据的时间戳、质量戳等。

开发环境下的设备通信测试，使用户很方便的就可以了解设备的通信能力，而不必先定义很多的变量和做一大堆的动画连接，省去了很多工作，而且也方便了变量的定义。

▶ 提示

◆ 可以进行设备测试的有串口类设备、板卡类设备和 OPC 类设备。其他如 DDE、一些特殊通信卡等都暂不支持该功能。

2.2.5　问题讨论

（1）试建立一个工程，在完成设备定义后，对相关寄存器进行通信测试。

（2）在你定义的设备下建立一个 I/O 离散型变量，变量为读写型，连接的寄存器为 CommErr，然后在画面中显示 CommErr 的状态，并通过按钮来控制组态王与相应设备之间的通信状态。

项目三　变量定义和管理

> 📓 项目任务单

项目任务	1. 掌握组态王中变量的类型以及基本变量的定义方法； 2. 熟悉变量的各种转换方式——线性转换方式、开方转换方式、非线性表转换方式、累计转换方式等； 3. 掌握组态王变量管理工具——变量组的使用，即如何建立、删除变量组，在变量组中增、删变量以及变量组内变量的排序等； 4. 熟悉组态王变量域的概念以及变量的基本属性域、变量的报警域、变量的历史记录起停控制域、报警窗口的域以及历史趋势曲线域的使用。
工艺要求及参数	1. 基本变量定义时要保证各种参数设置正确； 2. 根据实际情况对变量的原始值和工程值进行正确转换，尤其注意累计转换时最大值、最小值的设定； 3. 能够根据工程具体情况对变量合理分组，方便对变量的管理； 4. 正确使用变量的域。
项目需求	1. 数据类型的基本知识； 2. 线性、开方、非线性、累计等的基本关系； 3. 组态王工程浏览器的基本使用。
提交成果	1. 利用亚控仿真 PLC 寄存器变量练习原始值与工程值之间的各种转换方式，并对各种变量进行分组管理； 2. 在你建立的工程中，提取变量各种域的值。

任务一　变量的类型和基本变量的定义

3.1.1　任务目标

掌握组态王中变量的类型，掌握基本变量的定义方法。

3.1.2　任务分析

变量和逻辑设备中的寄存器之间是一一对应的，变量的集合称为数据词典（数据库），数据库是"组态王"最核心的部分。在组态王运行时，工业现场的生产状况要以动画的形式反映在屏幕上，同时工程人员在计算机前发布的指令也要迅速送达生产现场，所有这一切都是以实时数据库为中介环节，数据库是联系上位机和下位机的桥梁。

作为开发人员首先必须明确变量的类型、变量的数据类型以及特殊类型变量等，才能正确定义各种变量，以保证上位机和下位机之间数据通信的正确可靠。

3.1.3 相关知识

1. 变量的基本类型

变量的基本类型共有两类：I/O 变量、内存变量。

I/O 变量是指可与外部数据采集程序直接进行数据交换的变量，如下位机数据采集设备（PLC、仪表等）或其他应用程序（DDE、OPC 服务器等），这种数据交换是双向的、动态。在组态王系统运行过程中，每当 I/O 变量的值改变时，该值就会自动写入下位机或其他应用程序；每当下位机或应用程序中的值改变时，组态王系统中的变量值也会自动更新。所以，那些从下位机采集来的数据、发送给下位机的指令，如"反应罐液位""电源开关"等变量，都需要设置成 I/O 变量。

内存变量是指那些不需要和其他应用程序交换数据，也不需要从下位机得到数据，只在组态王内需要的变量，如计算过程的中间变量，就可以设置成内存变量。

2. 变量的数据类型

组态王中变量的数据类型主要有以下几种：

（1）实型变量。类似一般程序设计语言中的浮点型变量，用于表示浮点（float）型数据，取值范围 $10E-38 \sim 10E+38$，有效值 7 位。

（2）离散变量。类似一般程序设计语言中的布尔（BOOL）变量，只有 0 和 1 两种取值，用于表示一些开关量。

（3）字符串型变量。类似一般程序设计语言中的字符串变量，可用于记录一些有特定含义的字符串，如名称，密码等，该类型变量可以进行比较运算和赋值运算。字符串长度最大值为 128 个字符。

（4）整数变量。类似一般程序设计语言中的有符号长整数型变量，用于表示带符号的整型数据，取值范围（-2 147 483 648）～2 147 483 647。

（5）结构变量。当组态王工程中定义了结构变量时，在变量类型的下拉列表框中会自动列出已定义的结构变量，一个结构变量作为一种变量类型，结构变量下可包含多个成员，每一个成员就是一个基本变量，成员类型可以为：内存离散、内存整型、内存实型、内存字符串、I/O 离散、I/O 整型、I/O 实型、I/O 字符串。

3. 特殊变量

特殊变量有报警窗口变量、历史趋势曲线变量、系统预设变量三种。这几种特殊类型的变量正是体现了组态王系统面向工控软件、自动生成人机接口的特色。

（1）报警窗口变量：这是工程人员在制作画面时通过定义报警窗口生成的。在报警窗口定义对话框中有一选项为"报警窗口名"，工程人员在此处键入的内容即为报警窗口变量。此变量在数据词典中是找不到的，是组态王内部定义的特殊变量。可用命令语言编制程序来设置或改变报警窗口的一些特性，如改变报警组名或优先级，在窗口内上下翻页等。

（2）历史趋势曲线变量：这是工程人员在制作画面时，通过定义历史趋势曲线生成的。在历史趋势曲线定义对话框中有一选项为"历史趋势曲线名"，工程人员在此处键入的内容即为历史趋势曲线变量（区分大小写）。此变量在数据词典中是找不到的，是组态王内部定义的特殊变量。工程人员可用命令语言编制程序来设置或改变历史趋势曲线的一些特性，如改变历史趋势曲线的起始时间或显示的时间长度等。

（3）系统预设变量。预设变量中有 8 个时间变量是系统已经在数据库中定义的，用户可以直接使用。

① $年：返回系统当前日期的年份。

② $月：返回 1～12 之间的整数，表示当前日期的月份。

③ $日：返回 1～31 之间的整数，表示当前日期的日。

④ $时：返回 0～23 之间的整数，表示当前时间的时。

⑤ $分：返回 0～59 之间的整数，表示当前时间的分。

⑥ $秒：返回 0～59 之间的整数，表示当前时间的秒。

⑦ $日期：返回系统当前日期字符串。

⑧ $时间：返回系统当前时间字符串。

⑨ $用户名：在程序运行时记录当前登录的用户的名字。

⑩ $访问权限：在程序运行时记录当前登录的用户的访问权限。

⑪ $启动历史记录：表明历史记录是否启动（1=启动；0=未启动）。

⑫ $启动报警记录：表明报警记录是否启动（1=启动；0=未启动）。

⑬ $新报警：每当报警发生时，"$新报警"被系统自动设置为 1，由工程人员负责把该值恢复到 0。

⑭ $启动后台命令：表明后台命令是否启动（1=启动；0=未启动）。

⑮ $双机热备状态：表明双机热备中主从计算机所处的状态，为整型变量（1=主机工作正常；2=主机工作不正常；-1=从机工作正常；-2=从机工作不正常；0=无双机热备），主从机初始工作状态是由组态王中的网络配置决定的。该变量的值只能由主机进行修改，从机只能进行监视，不能修改该变量的值。

➡ 提示

◆ 对于日期、时间类系统预设变量由系统自动更新，工程人员只能读取时间变量，而不能改变它们的值。

◆ 对于$启动历史记录、$启动报警记录、$启动后台命令三种系统预设变量，工程人员在开发程序时，可通过按钮弹起命令预先设置该变量为 1，在程序运行时可由用户控制。

◆ 对于$新报警系统预设变量，工程人员在开发程序时，可通过数据变化命令语言设置，当报警发生时，产生声音报警（用 PlaySound 函数），在程序运行时可由工程人员控制，听到报警后，将该变量置0，确认报警。

3.1.4 任务实施

内存离散、内存实型、内存长整数、内存字符串、I/O 离散、I/O 实型、I/O 长整数、I/O 字符串，这八种基本类型的变量是通过"定义变量"属性对话框定义的。

在工程浏览器中左边的目录树中选择"数据词典"项，右侧的内容显示区会显示当前工程中所定义的变量。双击"新建"图标，弹出"定义变量"属性对话框，如图3-1所示。组态王的变量属性由"基本属性""报警定义""记录和安全区"三个属性页组成。

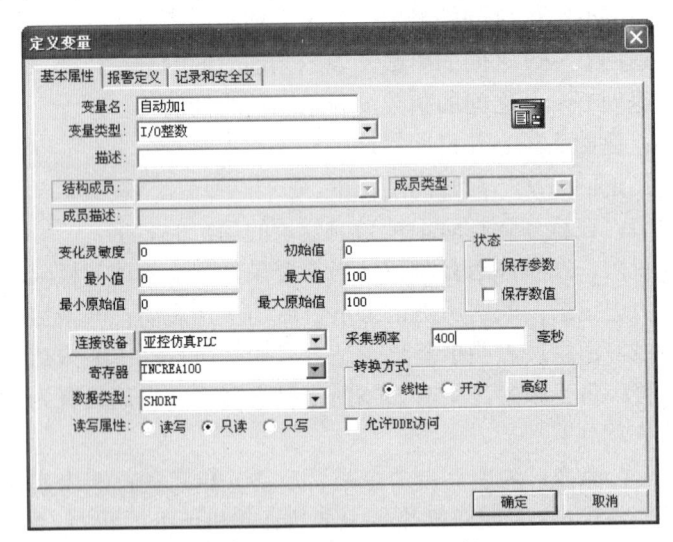

图3-1 定义变量基本属性

"基本属性"属性页用来定义变量的基本特征，各项含义如下。

（1）变量名：唯一标识一个应用程序中数据变量的名字，同一应用程序中的数据变量不能重名。单击编辑框的任何位置进入编辑状态，工程人员此时可以输入变量名，变量名可以是汉字或英文名字。例如，温度、压力、液位、var1 等均可以作为变量名。

➡ 提示

◆ 组态王变量名命名规则：变量名不能与组态王中现有的变量名、函数名、关键字、控件名称等重复；变量名的首字符只能为字符，不能为数字等非法字符；

变量名中间不允许有空格、算术符号等非法字符存在；变量名区分大小写；变量名称长度不能超过 31 个字符。

（2）变量类型：在对话框中只能定义 8 种基本类型中的一种，单击变量类型下拉列表框列出可供选择的数据类型。当定义有结构模板时，一个结构模板就是一种变量类型。

（3）描述：用于输入对变量的描述信息。例如，若想在报警窗口中显示某变量的描述信息，可在定义变量时，在描述编辑框中加入适当说明，并在报警窗口中加上描述项，则在运行系统的报警窗口中可见到该变量的描述信息（最长不超过 39 个字符）。

（4）变化灵敏度：数据类型为模拟量或整型时此项有效。只有当该数据变量的值变化幅度超过"变化灵敏度"时，组态王才更新与之相连接的画面显示（缺省为 0）。

（5）最小值：指该变量值在数据库中的下限。

（6）最大值：指该变量值在数据库中的上限。

（7）最小原始值：变量为 I/O 模拟变量时，驱动程序中输入原始模拟值的下限。

（8）最大原始值：变量为 I/O 模拟变量时，驱动程序中输入原始模拟值的上限。

以上四项是对 I/O 模拟量进行工程值自动转换所需要的。组态王将采集到的数据按照这四项的对应关系自动转为工程值。

提示

◆ 组态王中最大的精度为 Float 型，4 个字节。定义最大值时注意不要越限。

（9）初始值：这项内容与所定义的变量类型有关，定义模拟量时出现编辑框可输入一个数值；定义离散量时出现开或关两种选择；定义字符串变量时出现编辑框可输入字符串，它们规定软件开始运行时变量的初始值。

（10）保存参数：在系统运行时，如果变量的域（可读可写型）值发生了变化，组态王运行系统退出时，系统自动保存该值。组态王运行系统再次启动后，变量的初始域值为上次系统运行退出时保存的值。

（11）保存数值：系统运行时，如果变量的值发生了变化，组态王运行系统退出时，系统自动保存该值。组态王运行系统再次启动后，变量的初始值为上次系统运行退出时保存的值。

（12）连接设备：只对 I/O 类型的变量起作用，工程人员只需从下拉式"连接设备"列表框中选择相应的设备即可。此列表框所列出的连接设备名是组态王设备管理中已安装的逻辑设备名。

提示

◆ 如果连接设备选为 Windows 的 DDE 服务程序,则"连接设备"选项下的选项名为"项目名";当连接设备选为 PLC 等,则"连接设备"选项下的选项名为"寄存器";如果连接设备选为板卡等,则"连接设备"选项下的选项名为"通道"。

(13) 项目名:连接设备为 DDE 设备时,DDE 会话中的项目名。

(14) 寄存器:指定要与组态王定义的变量进行连接通信的寄存器变量名,该寄存器与工程人员指定的连接设备有关。

(15) 转换方式:规定 I/O 模拟量输入原始值到数据库使用值的转换方式。有线性转化、开方转换、和非线性表、累计等转换方式。

(16) 数据类型:只对 I/O 类型的变量起作用,定义变量对应的寄存器的数据类型,共有 9 种数据类型供用户使用,分别是:

Bit:1 位,范围是 0 或 1;

Byte:8 位,1 个字节,范围是 0~255;

Short:2 个字节,范围是-32 768~32 767;

UShort:16 位,2 个字节,范围是 0~65 535;

BCD:16 位,2 个字节,范围是 0~9 999;

Long:32 位,4 个字节,范围是-2 147 483 648~2 147 483 647;

LongBCD:32 位,4 个字节,范围是 0~4 294 967 295;

Float:32 位,4 个字节,范围是 $10e^{-38}$~$10e^{38}$,有效位为 7 位;

String:128 个字符长度。

提示

◆ 在脚本语言中调用 Long 型数据,运算精度会受到影响。

(17) 采集频率:用于定义数据变量的采样频率。与组态王的基准频率设置有关。

(18) 读写属性:定义数据变量的读写属性,工程人员可根据需要定义变量为"只读"属性、"只写"属性、"读写"属性。只读——对于只进行采集而不需要人为手动修改其值,并输出到下位设备的变量一般定义属性为只读;只写——对于只需要进行输出而不需要读回的变量一般定义属性为只写;读写——对于需要进行输出控制又需要读回的变量一般定义属性为读写。

提示

◆ 当采集频率为 0 时,只要组态王上的变量值发生变化时,就会进行写操作;当采集频率不为 0 时,会按照采集频率周期性的输出值到设备。

（19）允许 DDE 访问：组态王内置的驱动程序与外围设备进行数据交换，为了方便工程人员用其他程序对该变量进行访问，可通过选中"允许 DDE 访问"，这样组态王就可作为 DDE 服务器，与 DDE 客户程序进行数据交换，具体操作见"项目十一　组态王与其他开放式软件之间的互联"。

"报警定义"、"记录和安全区" 2 个属性页中各项含义，在相关项目的任务中讲解。

3.1.5　知识进阶

在工程实际中，往往一个被控对象有很多参数，而这样的被控对象很多，而且都具有相同的参数。如一个储料罐，可能有压力、液位、温度、上下限硬报警等参数，而这样的储料罐可能在同一工程中有很多。如果用户对每一个对象的每一个参数都在组态王中定义一个变量，有可能会造成使用时查找变量不方便，定义变量所耗费的时间很长，而且大多数定义的都是有重复属性的变量。如果将这些参数作为一个对象变量的属性，在使用时直接定义对象变量，就会减少大量的工作，提高效率。为此，组态王引入了结构变量的概念。关于结构变量定义和使用的详细内容请参考《组态王使用手册》。

3.1.6　问题讨论

（1）变量的基本类型、数据类型以及特殊类型变量有哪些？
（2）试练习不同类型变量的定义过程。

任务二　I/O 变量的转换方式

3.2.1　任务目标

熟悉变量的各种转换方式，包括线性转换方式、开方转换方式、非线性表转换方式、累计转换方式等。

3.2.2　任务分析

对于 I/O 变量，包括 I/O 模拟变量，在现场实际中，可能要根据输入要求的不同要将其按照不同的方式进行转换。比如一般的信号与工程值都是线性对应的，可以选择线性转换；有些需要进行累计计算，则选择累计转换。

组态王为用户提供了线性、开方、非线性表、直接累计、差值累计等多种转换方式。

3.2.3 相关知识

1. 线性转换方式

用原始值和数据库使用值的线性插值进行转换。如图3-2所示，线性转换是将设备中的值与工程值按照固定的比例系数进行转换。

2. 开方转换方式

用原始值的平方根进行转换。即转换时将采集到的原始值进行开方运算，得到的值为实际工程值。

3. 非线性表转换方式

在实际应用中，采集到的信号与工程值不成线性比例关系，而是一个非线性的曲线关系，如图3-3所示。如果按照线性比例计算，则得到的工程值误差将会很大。对一些模拟量的采集，如热电阻、热电偶等的信号为非线性信号，如果采用一般的分段线性化的方法进行转换，不但要做大量的程序运算，而且还会存在很大的误差，达不到要求。

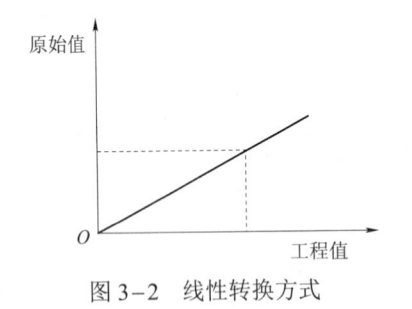

图3-2 线性转换方式

图3-3 非线性表转换方式

为了帮助用户得到更精确的数据，组态王中提供了非线性表。原始值和工程值可以是正比或反比的非线性关系，原始值和工程值可以是负数。

4. 累计转换方式

累计是在工程中经常用到的一种工作方式，经常用在流量、电量等计算方面。组态王的变量可以定义为自动进行数据的累计。组态王提供两种累计算法：直接累计和差值累计。

3.2.4 任务实施

1. 线性转换方式

对于线性转换方式，在变量基本属性定义对话框的"最大值""最小值"编辑框中输入变量工程值的范围，在"最大原始值""最小原始值"编辑框中输入设备采集到或输出后的数字量值的范围，如图 3-4 所示。则系统运行时，按照指定的量程范围进行转换，得到当前实际的工程值。线性转换方式是最直接也是最简单的一种 I/O 转换方式。

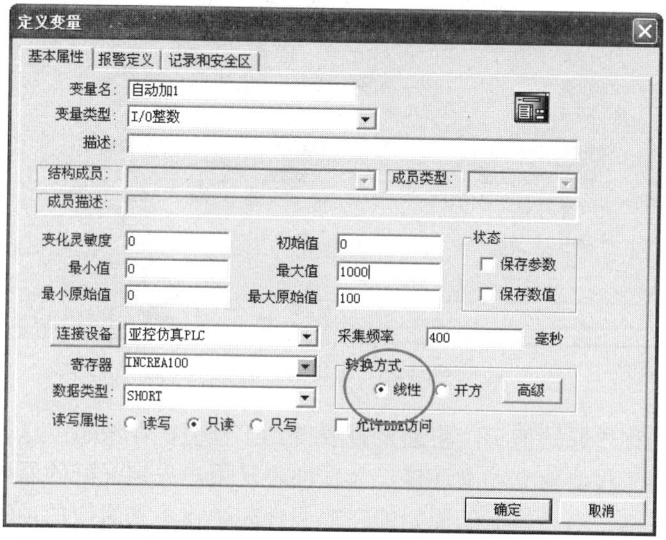

图 3-4 定义线性转换

例如，与 PLC 电阻器连接的流量传感器在空流时产生 0 值，在满流时产生 9999 值。如果输入如下的数值：

最小原始值=0　　　　　　最小值=0
最大原始值=9 999　　　　最大值=100
其转换比例=(100-0)/(9 999-0)=0.01
则：如果原始值为 5 000 时，内部使用的值为 5 000*0.01=50。

2. 开方转换方式

对于开方转换方式，在变量基本属性定义对话框的"最大值""最小值"编辑框中输入变量工程值的范围，在转换时将采集到的原始值进行开方运算，得到的值为实际工程值，该值的范围在变量基本属性定义的"最大值""最小值"范围内。如图 3-5 所示。

3. 非线性表转换方式

（1）非线性表的定义。

在组态王中引入了通用查表的方式，进行数据的非线性转换。用户可以输入数据转换标准表，组态王将采集到的数据的设备原始值和变量原始值进行了线性对应后（此处"设备原始值"是指从设备采集到的原始数据；"变量原始值"是指经过组态王的最大、最小值和最大、最小原始值开方或线性转换后的值，"变量原

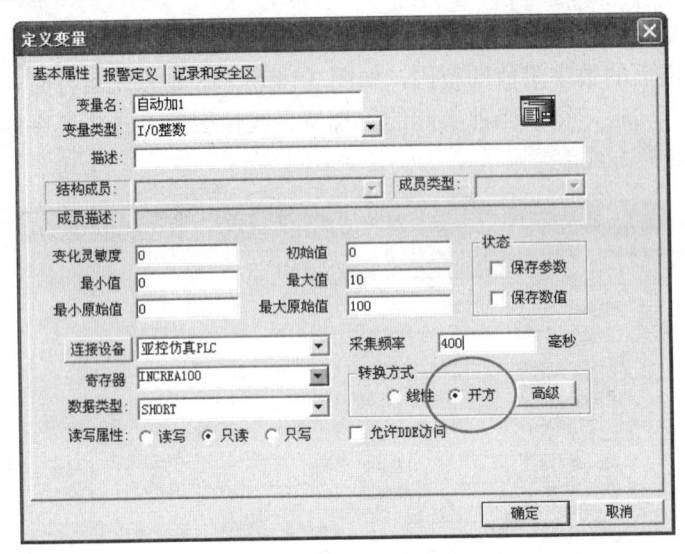

图 3-5 定义开方转换

始值"以下通称"原始值"），将通过查表得到工程值，在组态王运行系统中显示工程值或利用工程值建立动画连接。非线性表是用户先定义好的原始值和工程值一一对应的表格，当转换后的原始值在非线性表中找不到对应的项时，将按照指定的公式进行计算，公式将在后面介绍。非线性查表转换的定义分为两个步骤：

首先变量将按照变量定义画面中的最大值、最小值、最大原始值和最小原始值进行线性转换，即将从设备采集到的原始数据经过与组态王的初步转换。

然后将上述转换的结果按照非线性表进行查表转换，得到变量的工程值，用于在运行时显示、存储数据、进行动画连接等。

关于非线性查表转换方式的具体使用如下。

① 建立非线性表。在工程浏览器的目录显示区中，选中大纲项"文件"下的成员"非线性表"，双击"新建"图标，弹出"分段线性化定义"对话框，如图 3-6 所示。

表格共三列，第一列为序号，增加点时系统自动生成；第二列是原始值，该值是指从设备采集到的原始数据经过与组态王变量定义界面上的最小值、最大值、最小原始值、最大原始值转换后的值；第三列为该原始值应该对应的工程值。

非线性表名称：在此编辑框内输入非线性表名称，非线性表名称唯一，表名可以为数字或字符。

图 3-6 "分段线性化定义"对话框

增加点：增加原始值与工程值对应的关系点数。单击该按钮后，在"分段线性化定义"显示框中将增加一行，序号自动增加，值为空白或上一行的值。用户根据数据对应关系，在表格框中写入值，即对应关系。例如，对于非线性表"线性转换表"，用户建立 10 组对应关系，如图 3-7 所示。

删除点：删除表格中不需要的线性对应关系。选中表格中需要删除行中的任意一格，单击该按钮就可删除。

②对变量进行线性转换定义。在数据词典中选择需要查表转换的 I/O 变量，双击该变量名称后，弹出"定义变量"属性对话框。在"基本属性"属性页中，单击"转换方式"下的"高级"按钮，弹出"数据转换"对话框，如图 3-8 所示。默认选项为"无"。当用户需要对采集的数据进行线性转换时，请选中"查表"一项。其右边的下拉列表框和"+"按钮变为有效。

单击下拉列表框右边的箭头，系统会自动列出已经建好的所有非线性表，从中选取即可。如果还未建立合适的非线性表，可以单击"+"按钮，弹出"分段线性化定义"对话框，如图 3-8 所示，用户根据需要建立非线性表，使用方法见①。

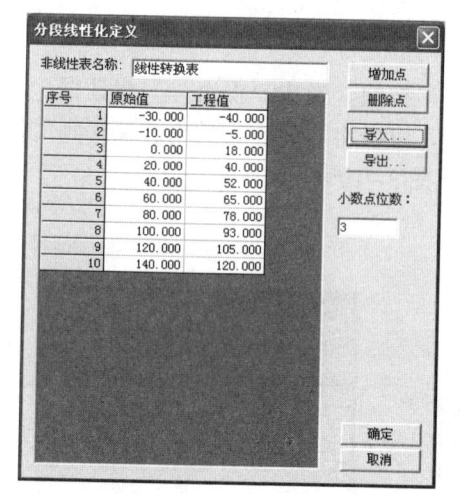

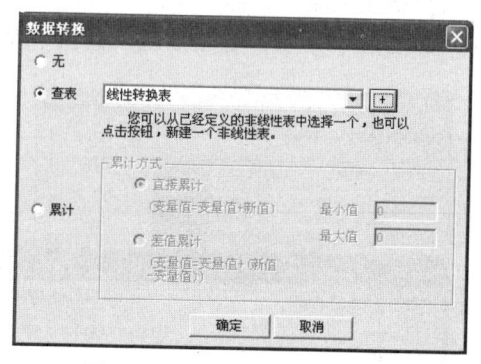

图 3-7　定义非线性表　　　　　图 3-8　"数据转换"对话框

运行时，变量的显示和建立动画连接都将是查表转换后的工程值。查非线性表的计算公式为：

((后工程值 - 前工程值) × (当前原始值 - 前原始值) / (后原始值 - 前原始值)) + 前工程值

当前原始值：当前变量的变量原始值。

后工程值：当前原始值在表格中原始值项所处的位置的后一项数值对应关系中的工程值。

前工程值：当前原始值在表格中原始值项所处的位置的前一项数值对应关系中的工程值。

后原始值：当前原始值在表格中原始值项所处的位置的后一原始值。
前原始值：当前原始值在表格中原始值项所处的位置的前一原始值。
例如：在建立的非线性列表中，数据对应关系如表 3-1 所示。

表 3-1 数据对应关系表

序号	原始值	工程值
1	4	8
2	6	14

那么当原始值为 5 时，其工程值的计算为：
工程值=((14-8)×(5-4)/(6-4))+8=11。
在画面中显示的该变量值为 11。
（2）非线性表的导入、导出。
当非线性表比较庞大，分段比较多时，在组态王中直接进行定义就显得很困难。为此，组态王为用户提供了非线性表的导入、导出功能，可以将非线性表导出为 .csv 格式的文件；也可将用户编辑的符合格式要求的 .csv 格式的文件导入到当前的非线性表中来。这样方便了用户的操作。

打开已经定义的非线性表，单击"导出"按钮，弹出"保存为"对话框，选择保存路径及保存名称，单击"保存"按钮，可以将非线性表的内容保存到文件中，如图 3-9 所示。导出后的文件内容如下图 3-10 所示。

图 3-9 导出非线性表　　　　　图 3-10 导出的非线性表内容

用户也可以按照图 3-9 所示的文件格式制作非线性表，然后导入到工程中来。
对于非线性表的导入有两个途径：从其他工程导入和从 .csv 格式的文件导入。
单击"分段线性化定义"对话框上的"导入"按钮，弹出"导入非线性表"

对话框,该对话框分为两个部分,上部分为当前工程管理器中的工程列表,选择非线性表所在的工程,在"非线性表"的列表框中会列出该工程中含有的非线性表名称。选择所需的表名称,单击"导入"按钮,可以将非线性表导入到当前工程里来,如图 3-11 所示。

另外,也可以选择文件导入。单击"从逗号分隔文件导入"按钮,弹出文件选择对话框,选择要导入的文件即可。非线性表的导入、导出功能方便了用户对非线性表的重复利用和快速编辑,提高了工作效率。

4. 累计转换方式

在变量基本属性定义对话框中点击"高级"按钮,弹出数据转换对话框,如图 3-12 所示。选中"累计"项,然后用户可以选择直接累计或差值累计选项,累计计算时间与变量采集频率相同,对于两种累计方式均需定义累计后的值的最大最小值范围。当累计后的变量的数值超过最大值时,变量的数值将恢复为该对话框中定义的最小值。

图 3-11 导入非线性表

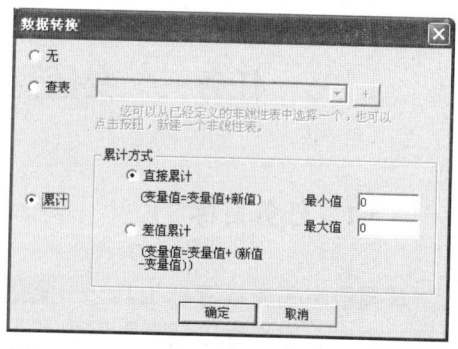

图 3-12 数据转换的累计功能定义对话框

(1)直接累计:从设备采集的数值,经过线性转换后直接与该变量的原数值相加。直接累计计算公式为:

变量值=变量值+采集的数值

例如:管道流量 S 计算,采集频率为 1 000 ms,5 s 之内采集的数据经过线性转换后工程值依次为 S1=100、S2=200、S3=100、S4=50、S5=200,那么 5 s 内直接累计流量结果为:

S=S1+S2+S3+S4+S5,即为 650。

(2)差值累计:变量在每次进行累计时,将变量实际采集到的数值与上次采集的数值求差值,对其差值进行累计计算。当本次采集的数值小于上次数值时,即差值为负时,将通过变量定义的画面中的最大值和最小值进行转化。差值累计计算公式为:

显示值=显示旧值+(采集新值-采集旧值)　　　　　　(公式一)

当变量新值小于变量旧值时，公式为：

显示值=显示旧值+（采集新值–采集旧值）+（变量最大值–变量最小值）（公式二）

变量最大值是在变量属性定义画面最大最小值中定义的变量最大值。

例如：要求如上例，变量定义画面中定义的变量初始值为0，最大值为300。那么5s之内的差值累计流量计算为：

第1次：S(1)=S(0)+(100–0)=100（采用公式一）
第2次：S(2)=S(1)+(200–100)=200（采用公式一）
第3次：S(3)=S(2)+(100–200)+(300–0)=400（采用公式二）
第4次：S(4)=S(3)+(50–100)+(300–0)=650（采用公式二）
第5次：S(5)=S(4)+(200–50)=800（采用公式一）

即5秒钟之内的差值累计流量为800。

3.2.5 问题讨论

试用亚控仿真PLC寄存器练习I/O变量的各种转换。

任务三 变量管理工具——变量组

3.3.1 任务目标

掌握组态王变量管理工具——变量组的使用，即如何建立、删除变量组，在变量组中增、删变量以及变量组内变量的排序等。

3.3.2 任务分析

通过掌握组态王变量管理工具—变量组，实现变量的分组管理，为组态工程的开发带来方便，尤其工程中变量很多时，对变量实施分组管理的优点更为突出。

3.3.3 相关知识

当工程中拥有大量的变量时，会给开发者查找变量带来一定的困难，为此组态王提供了变量分组管理的方式。即按照开发者的意图将变量放到不同的组中，这样在修改和选择变量时，只需到相应的分组中去寻找即可，缩小了查找范围，节省了时间。但它对变量的整体使用没有任何影响。

项目三 变量定义和管理

3.3.4 任务实施

1. 建立变量组

在组态王工程浏览器框架窗口上放置有4个标签："系统""变量""站点"和"画面"。选择"变量"标签，左侧视窗中显示"变量组"。单击"变量组"，右侧视窗将显示工程中所有变量，如图3-13所示。

在"变量组"目录上右击，弹出快捷菜单，选择"建立变量组"，如图3-14所示。在编辑框中输入变量组的名称，如图3-15所示。

图3-13 变量组

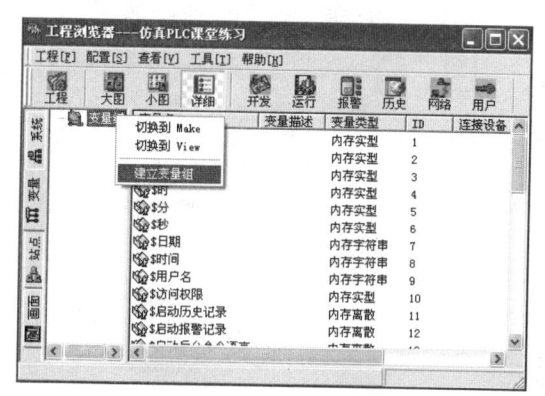

图3-14 建立变量组

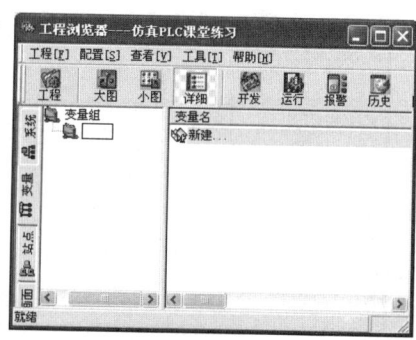

图3-15 命名变量组

如果按照默认项，系统自动生成名称并添加序号。变量组定义的名称是唯一的，而且要符合组态王变量命名规则，如定义变量组名称为"反应车间"，如图3-16所示。

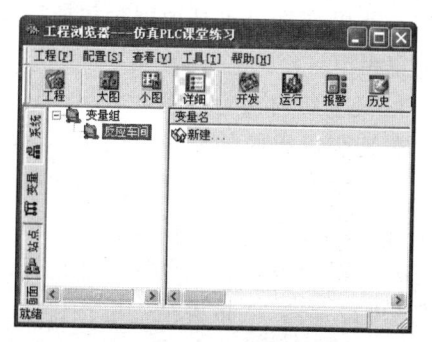

图3-16 建立完成的变量组

变量组建立完成后，可以在变量组下直接新建变量，在该变量组下建立的变量属于该变量组。变量组中建立的变量可以在系统中的变量词典中全部看到。在变量组下，还可以再建立子变量组，如图3-17所示。属于子变量组的变量同样属于上级变量组。

选择建立的变量组，单击鼠标右键，在弹出的快捷菜单中选择"编辑变量组"，可以修改变量组的名称。

55

提示

◆ 根变量组名称"变量组"是不允许修改和删除的。

2. 在变量组中增加变量

变量组建立完成后,就可以在里面增加变量了。增加变量可以直接新建,双击"新建"图标直接新建变量,如图 3-17 所示。也可以从已定义的变量,包括从其他变量组中移动到当前变量组来。

如图 3-18 所示,在某个变量组中选择要移动的变量,右击,在弹出的快捷菜单中选择"移动变量",然后选择目标变量组,在右侧的内容区域中右击,在弹出的快捷菜单中选择"放入变量组",则被选择的变量就被移动到目标变量组中。在系统变量词典中,属于变量组的变量图标与其他图标不相同。

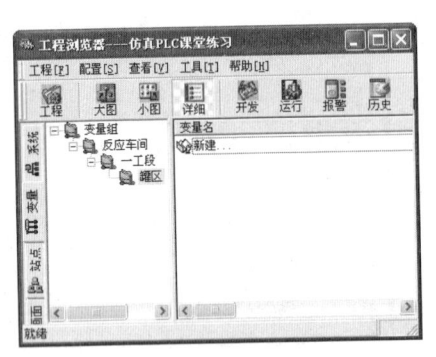

图 3-17 建立子变量组

图 3-18 选择要移动的变量

在变量分组完成后,使用时,只需在变量浏览器中选择相应的变量组目录即可,如图 3-19 所示为"罐区"变量组中的变量。变量的引用不受变量组的影响,所以变量可以被放置到任何一个变量组下。

3. 变量组内变量排序

在某变量组内的变量可以按不同方式进行排序显示,除不能使用按"变量描述"进行排序显示以外,可以按"变量名称""变量类型""ID""连接设备""寄存器""报警组"进行排序显示。

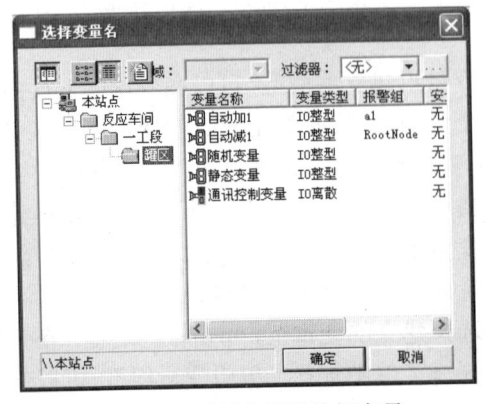

图 3-19 通过变量组选择变量

4. 在变量组中删除变量

如果不需要在变量组中保留某个变量时，可以选择从变量组中删除该变量，也可以选择将该变量移动到其他变量组中。从变量组中删除的变量将不属于任何一个变量组，但变量仍然存在于数据词典中。

进入变量组目录，选中要删除的变量，右击，在弹出的快捷菜单中选择"从变量组删除"，如图 3-20 所示，则该变量将从当前变量组中消失。如果选择"移动变量"，可以将该变量移动到其他变量组。

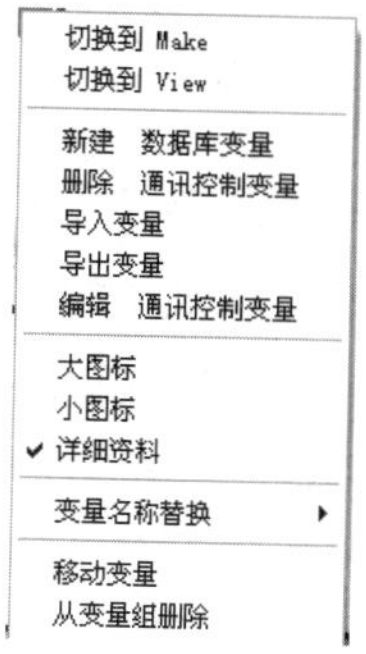

图 3-20　删除变量

5. 删除变量组

当不再需要变量组时，可以将其删除，删除变量组前，首先要保证变量组下没有任何变量存在，另外也要先将子变量组删除。

在要删除的变量组上右击，然后在弹出的快捷菜单上选择"删除变量组"，系统提示删除确认信息，如果确认，当前变量组将被永久删除。

3.3.5　知识进阶

组态王除提供变量组的管理工具之外，还提供了很多变量管理和使用的工具和方法等。如数据词典导入、导出；变量的更新、替换；获得变量的使用情况等。详细内容请参考《组态王使用手册》。

3.3.6　问题讨论

试建立一个组态王工程，并对变量进行分组管理。

任务四　变量的属性——变量域

3.4.1　任务目标

熟悉组态王变量域的概念以及变量的基本属性域、变量的报警域、变量的历史记录起停控制域、报警窗口的域以及历史趋势曲线域的使用。

3.4.2　任务分析

通过熟悉变量的各种域，进而在工程中使用变量的域，以增强工程的方便性和灵活性。

3.4.3 相关知识

变量的属性也是为满足工控软件的需求而引入的重要概念，它反映了变量的参数状态、报警状态、历史数据记录状态。例如，实型变量"反应罐温度"，可以具有"高报警限""低报警限"等属性，当实际温度高于"高报警限"或低于"低报警限"时，就会在报警窗口内显示报警，而且它们大多是开放的，工程人员可在定义变量时，设置它的部分属性。也可以用命令语言编制程序来读取或设置变量的属性，比如在情况发生变化时，重新设置"反应罐温度"的高、低报警限。需要注意的是，有的属性可以被读取或设置，称为"可读可写"型；有的属性只能被读取不能被设置，称为"只读"型；有的属性只能被设置而不能读取，称为"只写"型。

变量的属性用专门术语称为"变量的域"。对每个变量域的引用就是把变量名和域名用"."号（西文输入状态下的句号）连接起来即可，类似于高级语言（C++）中的"结构"，比如变量"反应罐温度"的报警组名（Group）域，写成"反应罐温度.Group"。

3.4.4 任务实施

1. 变量的基本属性域

变量的基本属性域包括 Name，Comment，质量戳相关域，时间戳相关域。

（1）Name：表示变量的名称，字符型，只读。

（2）Comment：表示变量的描述内容，字符型，可读可写。

（3）质量戳相关域：变量的质量戳表示变量的数据质量好坏。质量戳相关域包括：

① Quality：表示变量质量戳的值，整型，只读。

② QualityString：表示变量质量戳字符串，字符串型，只读。

（4）时间戳相关域：变量的时间戳表示变量数据的采集时间。时间戳相关域如表 3-2 所示。

表 3-2 时间戳相关域

TimeYear	表示变量时间戳年的值，整型，只读
TimeMonth	表示变量时间戳月的值，整型，只读
TimeDate	表示变量时间戳日的值，整型，只读
TimeHour	表示变量时间戳小时的值，整型，只读
TimeMinture	表示变量时间戳分的值，整型，只读

续表

TimeSecond	表示变量时间戳秒的值，整型，只读
TimeMsec	表示变量时间戳毫秒的值，整型，只读
TimeZone	表示变量时间戳时区的值，整型，只读
TimeDateString	表示变量时间戳日期的字符串，字符串型，只读
TimeTimeString	表示变量时间戳时间的字符串，字符串型，只读

组态王的变量（除报警窗和历史曲线变量外）均具有以上14种域。

另外，I/O整型和I/O实型变量还有下面4个域：

MaxEU：最大值，模拟型，可读可写。

MinEU：最小值，模拟型，可读可写。

MaxRAW：表示变量的最大原始值，模拟型，可读可写。

MinRAW：表示变量的最小原始值，模拟型，可读可写。

内存整型和内存实型变量也有MaxEU和MinEU域。

例如，如图3-21所示，自动加1.Name的值是"自动加1"，自动加1.Comment的值是"仿真PLC自动加1变量"，自动加1.MaxRaw的值是100，自动加1.MinRaw的值是0。

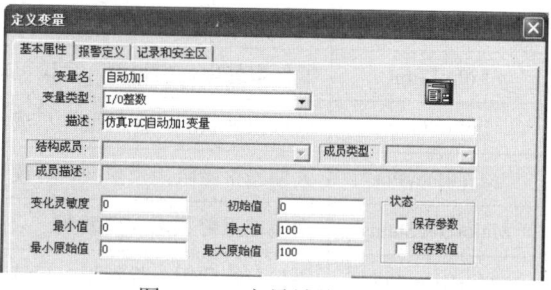

图3-21 变量域值的定义

2. 变量的报警域

离散变量的报警域如表3-3所示。

表3-3 离散变量的报警域

Ack	表示变量报警是否被应答，离散型，只读
Alarm	表示变量是否有报警，离散型，只读
AlarmEnable	表示变量的报警使能状态，离散型，可读可写
DataChanged	表示变量的变化状态，当变量值变化时，该域置1，用户可以手动赋值为0，离散型，可读可写
DataUpDate	表示变量的状态变化，离散型，只读。默认状态为false。当从设备上采集上数据，填充实时库时（不管数据是否变化），该值置为true，需要手动复位
Group	表示变量所属的报警组ID，模拟型，可读可写
Priority	表示变量的报警优先级，模拟型，可读可写
ExtendFieldString1	表示报警变量的扩展域1，字符串型，可读可写
ExtendFieldString2	表示报警变量的扩展域2，字符串型，可读可写

59

> **提示**
>
> ◆ 变量的 Group 域（报警组 ID）的值只能通过命令语言来修改。

整型、实型变量除包括上面与离散变量相同的报警域外，还包括表 3-4 所示的几种域。

表 3-4 整型、实型变量包括的其他域

HiHiLimit	高高报警限，模拟型，可读可写
HiHiStatus	高高报警状态，离散型，只读
HiLimit	高报警限，模拟型，可读可写
HiStatus	高报警状态，离散型，只读
LoLimit	低报警限，模拟型，可读可写
LoStatus	低报警状态，离散型，只读
LoLoLimit	低低报警限，模拟型，可读可写
LoLoStatus	低低报警状态，离散型，只读
MajorDevPct	大偏差报警限，模拟型，可读可写
MajorDevStatus	大偏差报警状态，离散型，只读
MinorDevPct	小偏差报警限，模拟型，可读可写
MinorDevStatus	小偏差报警状态，离散型，只读
DevTarget	偏差报警限的目标值，模拟型，可读可写
RocPct	变化率报警限，模拟型，可读可写
RocStatus	变化率报警状态，离散型，只读

例如，在数据库中有一个 I/O 离散变量"断电保护"，如果要把它的报警优先级增加一级，则可用命令语句：

断电保护.Priority=断电保护.Priority-1 （数字越小，优先级越高）

例如，在数据库中定义一个 I/O 实型变量"反应罐温度"，如果要显示"反应罐温度"的小偏差报警状态，则可用下述表达式：

反应罐温度.MinorDevStatus

3. 变量的历史记录起停控制域

变量的历史记录起停控制域 RecLogEnable 表示变量的历史记录状态，可读可写。0 表示该变量停止记录历史数据，1 表示该变量记录历史数据，默认为记录历史数据。字符串变量没有 RecLogEnable 域。

例如，在数据库中定义一个 I/O 实型变量"反应罐温度"，如果要停止该变量的历史数据记录，可用以下命令语言设置：

反应罐温度.RecLogEnable=0

4. 报警窗口的域

和报警窗口相关的域有：

（1）Group：表示报警窗口显示的变量的报警组名，组变量，只写。

（2）Priority：表示报警窗口显示的变量的报警优先级，模拟型，可读可写。

例如，定义一个报警组名"第一车间"，为了让报警窗口变量"化工厂报警窗口"显示第一车间的报警，可用以下命令语言设置：

化工厂报警窗口.Group=第一车间

例如，为了让报警窗口变量"化工厂报警窗口"显示报警优先级大于等于10的报警，可用以下命令语言设置：

化工厂报警窗口.Priority=10

5. 历史趋势曲线的域

历史趋势曲线的域如表 3-5 所示。

表 3-5　历史趋势曲线的域

域	说明
ChartLength	历史趋势曲线的时间长度，长整型，可读可写，单位为秒
ChartStart	历史趋势曲线的起始时间，长整型，可读可写，单位为秒
ValueStart	历史趋势曲线的纵轴起始值，模拟型，可读可写
ValueSize	历史趋势曲线的纵轴量程，模拟型，可读可写
ValueEnd	历史趋势曲线的纵轴结束值，模拟型，可读可写
ScooterPosLeft	左指示器的位置，模拟型，可读可写
ScooterPosRight	右指示器的位置，模拟型，可读可写
Pen1 到 Pen8	历史趋势曲线显示的变量，变量 ID 号，可读可写，用于改变绘出曲线所用的变量

3.4.5　知识进阶

变量的域可以用来在画面上显示，也可以在命令语言中使用。引用变量域时，可以直接手动输入，也可以通过变量浏览器来选择，如图 3-22 所示，在变量浏览器中选择相关变量，单击"变量域"列表框，弹出当前选择变量的所有域的列表，在列表框上移动鼠标箭头，系统会自动显示一个提示文本，显示当前位置的变量域的数据类型。当连接的变量域的值发生变化时，系统会自动执行该命令语言程序，如图 3-23 所示。

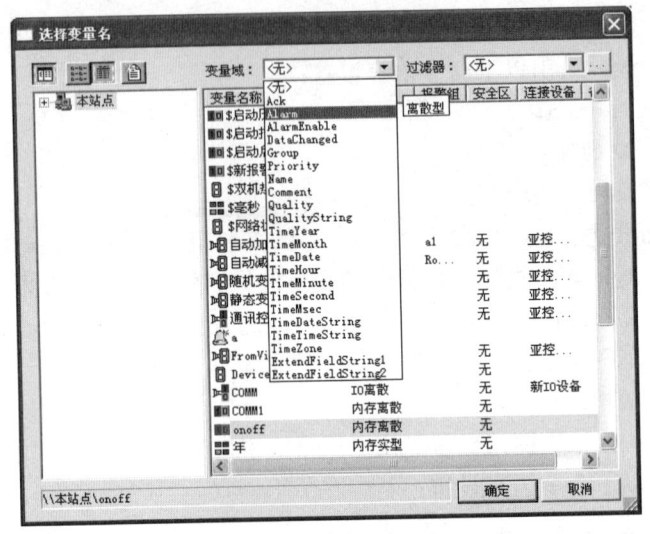

图 3-22 选择变量域

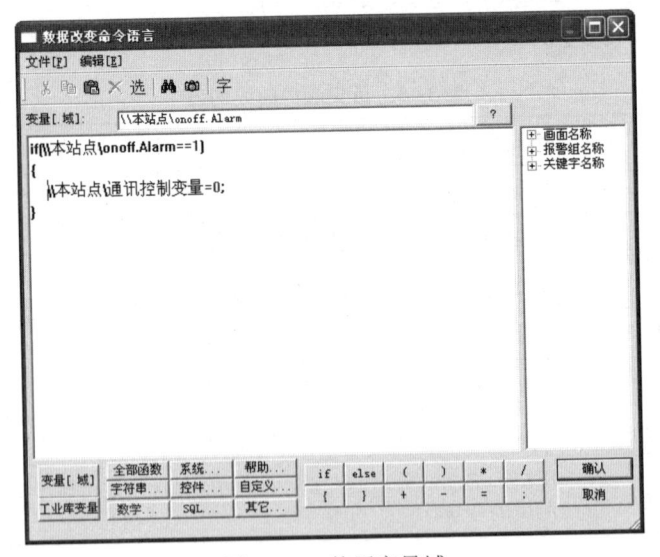

图 3-23 使用变量域

3.4.6 问题讨论

（1）试练习变量域的使用。

（2）试建立包含至少 2 个变量的简单工程，并在报警组根目录下建立 2 个报警组（如 a1、a2），并使不同的变量隶属于不同的报警组。然后建立一个历史报警窗口，并建立 2 个按钮，使每个按钮控制历史报警窗口显示不同的报警组。

项目四　设计画面与动画连接

项目任务单

项目任务	1. 熟悉组态王画面开发系统的菜单功能，以及图形编辑工具箱、画刷类型工具、线形类型工具以及调色板的使用； 2. 掌握组态王图库的正确使用与管理，能够利用组态王开发系统中建立动画连接并合成图素的方式直接创建图库精灵； 3. 掌握组态王画面开发系统中不同图素的动画连接。
工艺要求及参数	1. 能够熟练使用组态王开发系统中的菜单、工具箱等建立各种图素对象； 2. 能够成功创建自己的图库精灵； 3. 对不同的图素对象做动画连接，并在运行系统中查看动画效果。
项目需求	1. 具有熟练使用应用软件菜单、工具箱的基本操作能力； 2. 在建立动画连接前必须定义相应的设备和变量。
提交成果	1. 对各种图素对象做动画连接，并在运行系统中运行显示； 2. 创建一个自己的图库精灵。

任务一　组态王画面开发系统介绍

4.1.1　任务目标

熟悉组态王画面开发系统的菜单功能，熟悉开发系统中的图形编辑工具箱、画刷类型工具、线形类型工具以及调色板的使用。

4.1.2　任务分析

组态王画面开发系统中的菜单以及工具箱的使用，和其他图形类工具软件的使用方法相类似，关键是要加强上机练习，进而达到熟练应用的目的。

4.1.3　相关知识

组态王画面开发系统内嵌于组态王工程浏览器中，是应用程序的集成开发环境，工程人员在这个环境里进行画面开发、动画连接等。

单击工程浏览器工具条"MAKE"按钮或右键单击工程浏览器空白处从弹出的快捷菜单中选择"切换到Make"命令，进入组态王"开发系统"，如图4-1所示。

此时开发系统没有画面打开，菜单栏只有"文件"和"帮助"两栏。当打开或新建一个画面时，开发系统菜单与图4-1显示不同，如图4-2所示。

图4-1 组态王画面开发系统

图4-2 组态王画面开发系统菜单

画面开发系统菜单的功能和其他图形类工具软件相类似，只有通过加强上机练习才能熟悉和掌握，关于画面开发系统菜单的详细功能请参考《组态王使用手册》。在这里只介绍画面制作时常用的图形编辑工具箱、画刷类型工具条、线形类型工具条和调色板工具条等。

1. 图形编辑工具箱

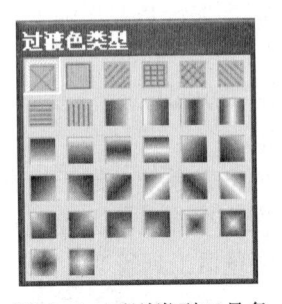

图形编辑工具箱中的按钮是绘图菜单命令的快捷方式，每次打开一个原有画面或建立一个新画面时，图形编辑工具箱都会自动出现，如图4-3所示。

在菜单"工具\显示工具箱"的左端有"√"号，表示选中菜单；没有"√"号，屏幕上的工具箱也同时消失，再一次选择此菜单，"√"号出现，工具箱又显示出来。也可使用F10键来切换工具箱的显示/隐藏。

2. 画刷类型工具

组态王提供8种画刷（填充）类型和24种画刷（填充）过渡色类型。显示/隐藏画刷类型工具条可通过选择菜单"工具\显示画刷类型"或工具箱的"显示画刷类型"按钮 来实现。画刷类型工具条可使工程人员方便地选用各种画刷填充类型和不同的过渡色效果。画刷类型工具条如图4-4所示。目前支持画刷填充和过渡色的图素有：圆角矩形、椭圆、圆弧（或扇形）、多边形。

图4-3 图形编辑工具箱

图4-4 画刷类型工具条

3. 线形类型工具

组态王系统支持 11 种线形。线形窗口可方便工程人员改变图素线条的类型，选择菜单"工具\显示线形"或工具箱中的"显示线形"按钮来显示线形窗口，如图 4-5 所示。

4. 调色板

调色板就是"颜料盒"，共有无限种颜色。显示/隐藏调色板可通过选择菜单"工具\显示调色板"或单击工具箱中的"显示调色板按钮"来实现。应用"调色板"可以对各种图形、文本及窗口等进行颜色修改，图形包括圆角矩形、椭圆、直线、折线、扇形、多边形、管道、文本以及窗口背景色等。"调色板"具有无限色功能，即除了可以选定"基本颜色"外，还可以利用"无限色"来编辑各种颜色，并能保存和读取调色信息。"调色板"外观如图 4-6 所示。调色板的使用比较简单，真正的困难在于画面上颜色的搭配，工程人员在选择颜色时要考虑到整体的和谐。

图 4-5　线形选择工具条

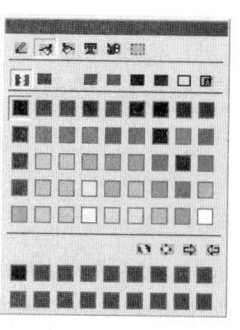

图 4-6　系统调色板

4.1.4　任务实施

1. 图形编辑工具箱的使用

工具箱提供了许多常用的菜单命令，也提供了菜单中没有的一些操作。当鼠标放在工具箱任一按钮上时，立刻出现一个提示条标明此工具按钮的功能，如图 4-7 所示。

用户在每次修改工具箱的位置后，组态王会自动记忆工具箱的位置，当用户下次进入组态王时，工具箱返回上次用户使用时的位置。

图 4-7　图形编辑工具箱提示

▶ **提示**

◆ 如果由于不小心操作导致找不到工具箱了，从菜单中也打不开，请进入组态王的安装路径"kingview"下,打开 toolbox.ini 文件,查看最后一项[Toolbox]位置坐标是否不在屏幕显示区域内,用户可以自己在该文件中修改。注意不要修改别的项目。

图形编辑工具箱中的工具大致分为 4 类:

(1)画面类:提供对画面的常用操作,包括新建、打开、关闭、保存、删除、全屏显示等。

(2)编辑类:绘制各种图素(矩形、椭圆、直线、折线、多边形、圆弧、文本、点位图、按钮、菜单、报表窗口、实时趋势曲线、历史趋势曲线、控件、报警窗口)的工具;剪切、粘贴、复制、撤销、重复等常用编辑工具;合成、分裂组合图素,合成、分裂单元;对图素的前移、后移、旋转、镜像等操作工具。

(3)对齐方式类:这类工具用于调整图素之间的相对位置,能够以上、下、左、右、水平、垂直等方式把多个图素对齐;或者把它们水平等间隔、垂直等间隔放置。

(4)选项类:提供其他一些常用操作,比如全选、显示调色板、显示画刷类型、显示线形、网格显示/隐藏、激活当前图库、显示调色板等。

关于图形编辑工具箱的详细使用请参考《组态王使用手册》,并通过上机练习加以掌握。

2. 画刷类型工具的使用

(1)画刷填充类型及使用方法。

① 在画面中选中需改变画刷填充类型的图素。

② 从画刷类型工具条中单击画刷填充类型按钮。

画刷填充支持 8 种类型:全部填充、透明填充、左下角→右上角斜线填充、左上角→右下角斜线填充、水平垂直网格填充、斜线网格填充、水平直线填充、垂直直线填充。

(2)过渡色类型的使用方法。

① 在画面中选中需改变过渡色类型的图素。

② 在画刷类型工具条中单击过渡色画刷类型按钮。

组态王支持 5 类共 24 种过渡色效果:水平过渡(从左到右含 4 种)、垂直过渡(从上到下含 4 种)、对角过渡(含 8 种)、垂直角过渡(含 4 种)、锥形过渡(含 4 种)。

调整图素过渡色的填充色和背景色,通过调色板的"填充色"和"背景色"选项来完成。填充色和背景色均支持无限色。也可以先用调色板选择图素过渡色的填充色和背景色,再选择过渡类型。

关于画刷填充类型和过渡色类型的详细使用方法请参考《组态王使用手册》。并通过上机练习加以掌握。

3. 线形类型工具的使用

组态王系统支持 3 类共 11 种线形：无线条、虚线（4 种）、实线（6 种）。具体使用方法为：

在画面中选定需修改线形的图素后，单击"线形"选择工具条上相应按钮，即可选择图素线条粗细、虚实等属性。

4.1.6 问题讨论

通过加强上机练习，熟悉组态王开发系统菜单以及工具箱的使用。

任务二 图库管理

4.2.1 任务目标

掌握组态王图库的正确使用与管理，能够利用组态王开发系统中建立动画连接并合成图素的方式直接创建图库精灵。

4.2.2 任务分析

正确使用组态王中的图库有助于开发出漂亮的组态王画面，尤其是通过创建自己的图库精灵，更增加了画面开发的灵活性和针对性。

4.2.3 相关知识

图库是指组态王中提供的已制作成型的图素组合。图库中的每个成员称为"图库精灵"。

使用图库开发工程画面至少有三方面的好处：一是降低了工程人员设计界面的难度，使他们能更加集中精力于维护数据库和增强软件内部的逻辑控制，缩短开发周期；二是用图库开发的软件将具有统一的外观，方便工程人员学习和掌握；三是利用图库的开放性，工程人员可以生成自己的图库元素。

图库的管理是依靠组态王提供的图库管理器完成的。图库管理器集成了图库管理的操作，在统一的界面上完成"新建图库""更改图库名称""加载用户开发的精灵""删除图库精灵"。

如果在开发过程中图库管理器被隐藏，可执行"图库\打开图库"菜单命令或按 F2 键激活图库管理器，弹出"图库管理器"如图 4-8 所示。

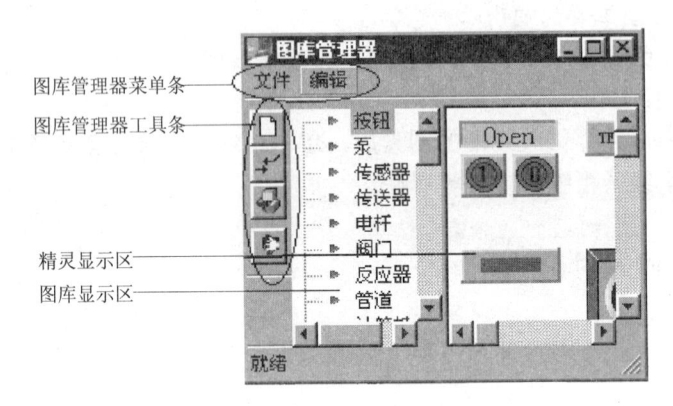

图 4-8 图库管理器

（1）图库管理器菜单条：通过弹出菜单方式管理图库。
（2）图库管理器工具条：通过快捷图形方式管理图库。
（3）图库显示区：显示图库管理器中所有的图库。
（4）精灵显示区：显示图库里的精灵。
（5）图库中的元素之所以称为"图库精灵"，是因为它们具有自己的"生命"。图库精灵在外观上类似于组合图素，但内嵌了丰富的动画连接和逻辑控制，工程人员只需把它放在画面上，做少量的文字修改，就能动态控制图形的外观，同时能完成复杂的功能。

用户可以根据自己工程的需要，将一些需要重复使用的复杂图形做成图库精灵，加入到图库管理器中。组态王提供两种方式供用户自制图库，一种是编制程序方式，即用户利用亚控公司提供的图库开发包，自己利用 VC 开发工具和组态王开发系统中生成的精灵描述文本制作，生成*.dll 文件。关于该种方式，详见亚控公司提供的图库开发包，在此不做解释。另一种是利用组态王开发系统中建立动画连接并合成图素的方式直接创建图库精灵。

例如：画面上需要一个按钮，代表一个开关，开关打开时按钮为绿色，开关关闭后变为红色，并且可以定义按钮为"置位"开关、"复位"开关或"切换"开关。如果没有图库，首先要绘制一个绿色按钮和一个红色按钮，用一个变量和它们连接，并将该变量设置隐藏属性，最后把它们叠在一起——把这些复杂的步骤合在一起，这就是"按钮精灵"，如图 4-9 所示。利用组态王定义好的"按钮精灵"，工程人员只要把"按钮精灵"从图库拷贝到画面上，它就具有了"打开为绿色，关闭为红色"的功能。

图库中的几乎每个精灵都有类似的已经定义的动画连接，所以使用图库精灵将极大地提高设计画面的效率。

图 4-9 图库精灵的组成

4.2.4 任务实施

1. 创建图库精灵

下面以一开关按钮的制作为例，介绍如何创建图库精灵。

（1）创建图素对象。在画面上创建两个按钮，一个按钮用字符串替换使文本显示为"开"，另一个按钮文本为"关"。

（2）定义变量。在数据词典中定义一内存离散变量，如 onoff。

（3）添加动画连接。双击"开"按钮，弹出"动画连接"对话框，选择"隐含连接"，在隐含连接条件表达式中输入"\\本站点\onoff==1"，如图 4-10 所示。写入正确的条件表达式后，单击"确定"按钮，回到"动画连接"对话框，如图 4-11 所示。单击"弹起时"按钮，在"弹起时"命令语言连接中输入"\\本站点\onoff==0;"，单击确定之后，回到"动画连接"对话框，再单击"确定"即可。

同样，在"关"按钮的"隐含连接"属性对话框中输入"onoff==0"，在"弹起时连接"属性对话框中输入"onoff==1;"，确定即可。

（4）组合图素单元。将两个按钮叠放在一起，选中两个按钮，选择工具箱中的"合成单元"图标，将两个按钮合成一个单元。

（5）创建图库精灵。首先选中合成的单元，然后选择菜单"图库\创建图库精灵"，弹出"输入新的图库图素名称"对话框，如图 4-12 所示。输入图库精灵名称"开关按钮"，确定后，弹出"图库管理器"对话框，如图 4-13 所示。在图库管理器的左边可确定该精灵要放的图库，然后在管理器右边空白处单击即可，如把"开关按钮"放在自己创建的"专用图库"下。

图 4-10 建立隐含动画连接

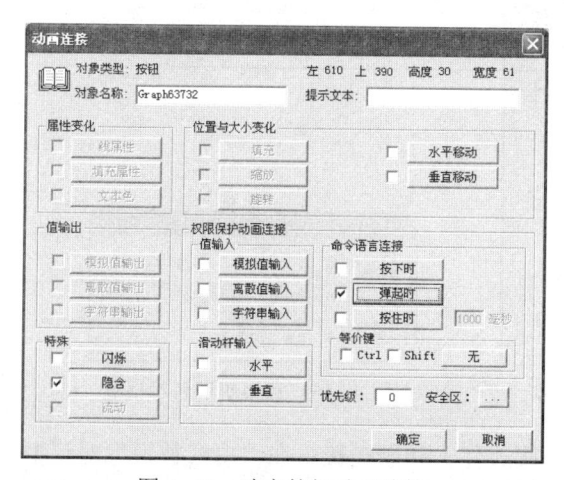

图 4-11 建立按钮动画连接

2. 使用图库精灵

（1）在画面上放置图库精灵。

用户可以选用图库管理器中的精灵，进行画面组态。在图库管理器窗口内用鼠标双击所需要的精灵，鼠标变成直角形。移动鼠标到画面上适当位置，单击左键，图库精灵就复制到画面上了。可以任意移动、缩放精灵，如同处理一个单元一样。

图 4-12 输入加入图库的图素名

图 4-13 加入图库中的自定义图素

（2）修改图库精灵。

直接通过动画连接并合成图素的方式制作的图库精灵具有可修改的属性界面。双击画面上的图库精灵，将弹出动画连接的"内容替换"对话框，如图 4-14 所示。对话框中记录了图库精灵的所有动画连接和连接中使用的变量。单击"变量名"，将在对话框中显示精灵使用到的所有变量；单击"动画连接"就可以看到动画连接的内容。

一般情况下，该类图库精灵使用的变量名都是示意性的，不一定适合工程人员的需要，修改变量名请单击按钮"变量名"，然后在对话框中双击需要修改的变量名，则弹出"替换变量名"对话框，如图 4-15 所示。

在对话框中输入工程人员实际使用的变量名即可，该变量必须是已经在数据库中定义过的。为减少文字输入量，可单击"？"按钮，在弹出的"变量选择"对话框中选择所需的变量名。需要注意，新变量和图库精灵原来使用的变量必须是同一类型，否则系统提示错误。修改完成后，图库精灵所有的动画连接中的变量名都已更改了。

图 4-14 建立动画连接的图素

图 4-15 替换变量名对话框

工程人员也可以根据自己的需要修改任一动画连接。在"内容替换"对话框中单击"动画连接"，然后在对话框中双击需要修改的栏目，弹出动画连接设置对话框，如图 4-16 所示。

如果组成图库精灵的图素中有静态文本，"内容替换"对话框中单选按钮"静态文本"加亮。单击此按钮，将在对话框中显示图库精灵中所有的静态文本。修改方法与其他图素相同。

修改完成后，单击"内容替换"对话框的"确定"按钮，完成图库精灵动画连接的修改，或单击"取消"按钮以取消修改。

如果要对组成图库精灵的图素作调整，请首先把图库精灵转换成普通图素。具体操作是：在画面上选中精灵（精灵周围出现 8 个小矩形），选择菜单"图库\转换成普通图素"。图库精灵分解为许多单元或图素。对于分解出来的单元，还要使用工具箱中的"分裂单元"把它再分解成图素，然后工程人员就可以对这些图素做任意的修改了。

3. 将图库精灵转换成普通图素

如果需要改变图库精灵的某种属性，如游标刻度中的数值字符串，就需要将图库精灵转换为普通图素。

（1）选取某图库精灵，拖动到画面上。如"游标"图库下的"游标 4"，如图 4-17 所示。

（2）选中该图库精灵，在组态王开发系统中选择菜单"图库\转换成普通图素"。这时游标图素中的所有图素可以编辑。例如：分别选中"20、40、60、80、100"几个图素，将图素中的数值字符串分别替换成"10、20、30、40、50"，如图 4-18 所示。

这时可以选中全部图素，在工具箱中选择"合成图素"工具按钮，将图 4-18 合成为一个图素，并生成一个新的图库精灵。

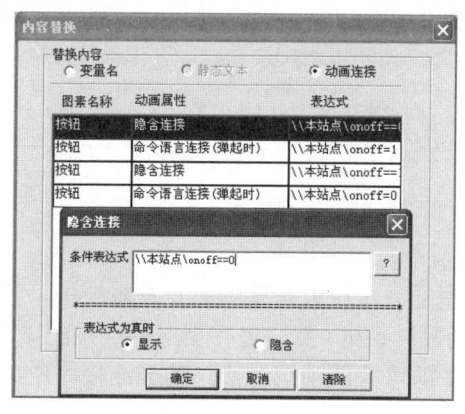

图 4-16 动画连接　　图 4-17 游标　　图 4-18 更改后的游标

提示

◆ 只有合成的图素才可以添加动画连接，合成的单元是不能添加动画连接的。

4.2.5 知识进阶

为了方便用户自己开发适用的图库，亚控公司为用户提供了"组态王开发工具"，其中之一为"图库开发包"。利用该开发包用户可以自己通过编程制作动态连接库类型的图库精灵。

利用图库开发包开发图库精灵时，需要用程序语言描述图素外观及其属性。为了方便用户，组态王在画面开发系统中提供了一个"精灵描述文本"的工具。

精灵描述文本是指对利用组态王的绘图工具绘制出的图素进行描述的文本文件，其内容包括各个图素的线形、颜色、动画连接、操作权限、命令语言等信息，是一段类似 C 程序的文本，用户可以利用该段描述文本，用 C 等编程语言来制作自己的图库精灵。

关于组态王开发工具具体情况可以与亚控公司及个分支机构的技术支持或销售人员联系。

4.2.6 问题讨论

（1）试创建自己的图库精灵。
（2）将图库精灵转换为普通图素，并修改其属性。

任务三　动　画　连　接

4.3.1 任务目标

掌握组态王画面开发系统中不同图素的动画连接的方法。

4.3.2 任务分析

在工程浏览器环境中定义完设备和变量后，在组态王画面开发系统中，建立不同图素，通过双击图素可以弹出动画连接对话框，然后进行相应的连接配置（建立画面的图素与数据库变量的对应关系）即可完成动画连接。动画连接完成后，在运行系统时就可以看到动画连接的效果。

4.3.3 相关知识

工程人员在组态王开发系统中制作的画面都是静态的，只有将画面中的图素对象与数据库中的变量建立对应关系后,画面中的数据才会通过变量与工业现场的状况同步变化。建立画面中的图素对象与数据库中的变量之间对应关系的过程,就是"动画连接"。

例如工业现场的温度、液面高度等数据,当它们发生变化时,通过 I/O 接口,将引起实时数据库中变量的变化,如果工程人员定义了一个画面图素(如指针)与这个变量的动画连接,我们将会看到指针随工业现场的数据同步偏转。

动画连接的引入是设计人机接口的一次突破,它把工程人员从重复的图形编程中解放出来,为工程人员提供了标准的工业控制图形界面,并且由可编程的命令语言连接来增强图形画面的功能。图形对象与变量之间有丰富的连接类型,给工程人员设计图形画面提供了极大的方便。组态王系统还为部分动画连接的图形对象设置了访问权限,这对于保障系统的安全具有重要的意义。

图形对象可以按动画连接的要求改变颜色、尺寸、位置、填充百分数等,一个图形对象又可以同时定义多个连接。把这些动画连接组合起来,应用程序将呈现出令人难以想象的图形动画效果。

4.3.4 任务实施

给图形对象定义动画连接是在"动画连接"对话框中进行的。在组态王开发系统中双击图形对象(不能有多个图形对象同时被选中),弹出动画连接对话框,如图 4-19 所示(以圆角矩形为例)。

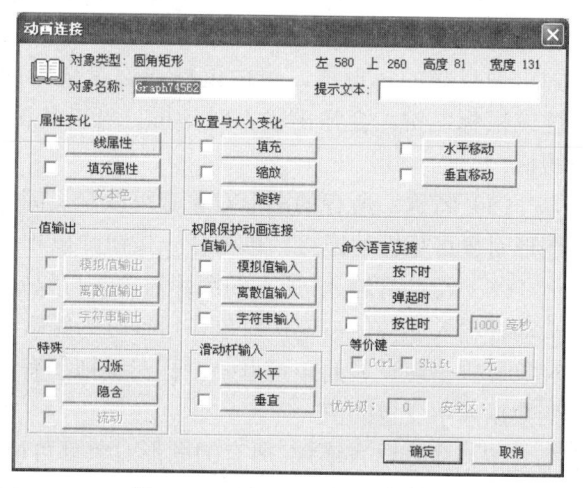

图 4-19 动画连接属性对话框

➡ **提示**

◆ 对不同类型的图形对象弹出的对话框大致相同。但是对于特定属性对象,有些是灰色的,表明此动画连接属性不适应于该图形对象,或者该图形对象定义了与此动画连接不兼容的其他动画连接。

对话框的第一行标识出被连接对象的名称和左上角在画面中的坐标以及图形对象的宽度和高度。

对话框的第二行提供"对象名称"和"提示文本"编辑框。"对象名称"是为图素提供的唯一的名称,供以后的程序开发使用,暂时不能使用。"提示文本"的含义为:当图形对象定义了动画连接时,在运行的时候,鼠标放在图形对象上,将出现定义的提示文本。

下面分组介绍动画连接种类。

（1）属性变化：共有三种连接（线属性、填充属性、文本色），它们规定了图形对象的颜色、线型、填充类型等属性如何随变量或连接表达式的值变化而变化。单击任一按钮弹出相应的连接对话框。线类型的图形对象可定义线属性连接，填充形状的图形对象可定义线属性、填充属性连接，文本对象可定义文本色连接。

（2）位置与大小变化：这 5 种连接（水平移动、垂直移动、缩放、旋转、填充）规定了图形对象如何随变量值的变化而改变位置或大小。不是所有的图形对象都能定义这 5 种连接。单击任一按钮弹出相应的连接对话框。

（3）值输出：只有文本图形对象能定义三种值输出连接中的某一种。这种连接用来在画面上输出文本图形对象所连接表达式的值。运行时文本字符串将被连接表达式的值所替换，输出的字符串的大小、字体和文本对象相同。单击任一按钮弹出相应的输出连接对话框。

（4）值输入：所有的图形对象都可以定义为三种值输入连接中的一种，输入连接使被连接对象在运行时为触敏对象。当 TouchView 运行时，触敏对象周围出现反显的矩形框，可由鼠标或键盘选中此触敏对象。按 Space 键、Enter 键或鼠标左键，会弹出输入对话框，可以从键盘键入数据以改变数据库中变量的值。

（5）特殊：所有的图形对象都可以定义闪烁、隐含两种连接，这是两种规定图形对象可见性的连接。单击任一按钮弹出相应连接对话框。

（6）滑动杆输入：所有的图形对象都可以定义两种滑动杆输入连接中的一种，滑动杆输入连接使被连接对象在运行时为触敏对象。当 TouchView 运行时，触敏对象周围出现反显的矩形框。鼠标左键拖动有滑动杆输入连接的图形对象可以改变数据库中变量的值。

（7）命令语言连接：所有的图形对象都可以定义三种命令语言连接中的一种，命令语言连接使被连接对象在运行时成为触敏对象。当 TouchView 运行时，触敏对象周围出现反显的矩形框，可由鼠标或键盘选中。按 Space 键、Enter 键或鼠标左键，就会执行定义命令语言连接时用户输入的命令语言程序。单击相应按钮弹出连接的命令语言对话框。

（8）等价键：设置被连接的图素在被单击执行命令语言时与鼠标操作相同功能的快捷键。

（9）优先级：此编辑框用于输入被连接的图形元素的访问优先级级别。当软件在 TouchView 中运行时，只有优先级级别不小于此值的操作员才能访问它，这是"组态王"保障系统安全的一个重要功能。

（10）安全区：此编辑框用于设置被连接元素的操作安全区。当工程处在运行状态时，只有在设置安全区内的操作员才能访问它，安全区与优先级一样是"组态王"保障系统安全的一个重要功能。

> **提示**

◆ 对于优先级和安全区，只有那些有特定动画连接的图形对象可以设置优先级和安全区，这几种动画连接是：模拟值输入连接、离散值输入连接、字符串输入连接、水平滑动杆输入、垂直滑动杆输入连接、命令语言连接（鼠标或等价键按下时、按住时、弹起时）。

4.3.5 问题讨论

（1）在画面开发系统中，试建立各种图素，并作相应的动画连接。

（2）在画面开发系统中，对未作动画连接的两个图素，能否合成组合图素；能否对合成图素做动画连接；对已作动画连接的两个图素，能否合成组合图素。

（3）在画面开发系统中，建立两个图素，分别做动画连接，然后看看能否合成组合单元；在画面开发系统中，建立两个图素，先合成组合单元，然后看看对合成单元能否做动画连接。

（4）参考《组态王使用手册》进一步熟悉动画连接和动画连接向导的使用。

项目五　　命令语言

项目任务单

项目任务	1. 了解命令语言的类型； 2. 熟悉组态王命令语言的运算符及优先级； 3. 掌握组态王命令语言的基本语法知识，熟悉常用命令语言函数及其使用方法。
工艺要求及参数	1. 通过使用组态王中几种类型命令语言，能够正确实现命令语言执行功能； 2. 准确理解命令语言的语法结构； 3. 正确编写命令语言程序； 4. 能够运用常用命令语言函数实现组态王工程中的操作功能。
项目需求	1. PDF 格式文档阅读器； 2. 计算机程序设计 C 语言基本知识和编程技能。
提交成果	1. 在建立的组态王工程中编写几种常用类型命令语言的应用实例； 2. 使用组态王仿真 PLC 作为虚拟 I/O 设备建立一个组态王工程，并且通过命令语言编辑器正确实现工程所需功能； 3. 常用函数的功能实现。

任务一　命令语言的类型

5.1.1　任务目标

熟悉组态王中命令语言的类型，掌握各种命令语言编辑器的使用方法。

5.1.2　任务分析

组态王中的命令语言在语法上类似 C 语言，工程人员可以利用命令语言来增强应用程序的灵活性、处理一些算法和操作等。

命令语言包括：应用程序命令语言、热键命令语言、事件命令语言、数据改变命令语言、自定义函数命令语言和画面命令语言等。

各种命令语言都是要通过"命令语言编辑器"编辑输入并进行语法检查，在运行系统中进行编译执行，用户只要按规范编写程序段即可。

5.1.3 相关知识

命令语言都是靠事件触发执行的,如定时、数据的变化、键盘键的按下、鼠标的点击等。根据事件和功能的不同,包括应用程序命令语言、热键命令语言、事件命令语言、数据改变命令语言、自定义函数命令语言、动画连接命令语言和画面命令语言等。命令语言具有完备的词法语法查错功能和丰富的运算符、数学函数、字符串函数、控件函数、SQL 函数和系统函数。

其中应用程序命令语言、热键命令语言、事件命令语言、数据改变命令语言可以称为"后台命令语言",它们的执行不受画面打开与否的限制,只要符合条件就可以执行。另外可以使用运行系统中的菜单"特殊\开始执行后台任务"和"特殊\停止执行后台任务"来控制所有这些命令语言是否执行。而画面和动画连接命令语言的执行不受影响。也可以通过修改系统变量"$启动后台命令语言"的值来实现上述控制,该值置 0 时停止执行,置 1 时开始执行。

5.1.4 任务实施

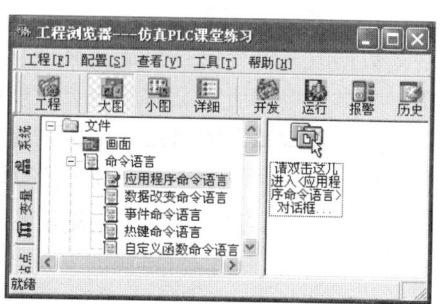

1. 应用程序命令语言

应用程序命令语言是在程序启动时、程序关闭时或者在程序运行期间执行的命令语言。如果选择在程序运行期间执行命令语言,还可以指定程序执行的周期。它通常用于系统的初始化、系统的退出时的处理及常规程序处理。

在组态王工程浏览器的目录显示区,选择"文件\命令语言\应用程序命令语言",则在右边的内容显示区出现"请双击这儿进入<应用程序命令语言>对话框…",如图 5-1 所示。双击图标,弹出"应用程序命令语言"对话框,如图 5-2 所示。

当选择"运行时"标签时,会有输入

图 5-1 选择应用程序命令语言

执行周期的编辑框"每…毫秒"。输入执行周期,则组态王运行系统运行时,将按照该时间周期性地执行这段命令语言程序,无论打开画面与否。

当选择"启动时"标签,在该编辑器中输入命令语言程序,该段程序只在运行系统启动时执行一次。

当选择"停止时"标签,在该编辑器中输入命令语言程序,该段程序只在运行系统退出时执行一次。

选择应用程序命令语言的执行命令、关键字、函数、变量等,只需单击相应的按钮即可。

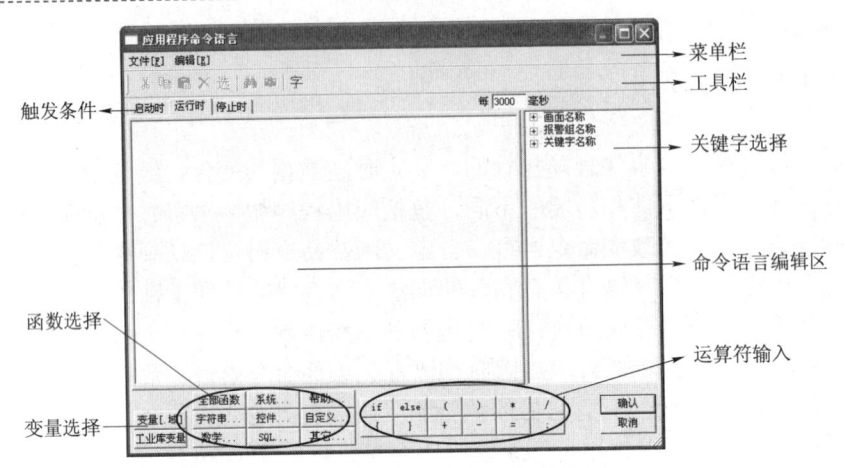

图 5-2 应用程序命令语言对话框

▶ 提示

◆ 在输入命令语言时，除汉字外，其他关键字，如标点符号必须以西文状态输入。

◆ 应用程序命令语言只能定义一个。

◆ 在命令语言编辑器中，运算符及变量字体为黑色，数字字体为粉色，关键字 if、else 和 while 等字体为蓝色，注释性的文字及符号字体为浅绿色。

2．数据改变命令语言

数据改变命令语言只链接到变量或变量的域。在变量或变量的域的值变化到超出数据字典中所定义的变化灵敏度时，它们就被执行一次。

在工程浏览器的目录显示区，选择"文件\命令语言\数据改变命令语言"，在右侧目录内容显示区双击"新建"图标，弹出数据改变命令语言编辑器。在"变量[域]"输入栏中输入一个变量名称或者变量的域名称，在命令语言编辑区中输入命令语言程序。当连接的变量的值发生变化时，系统会自动执行该命令语言程序。

▶ 提示

◆ 数据改变命令语言按照需要，可以定义多个。

◆ 在使用"数据改变命令语言"或"事件命令语言"过程中要注意防止死循环。

3．事件命令语言

事件命令语言是指当规定在事件发生、存在、消失时分别执行的程序。离散变量名或表达式都可以作为事件。

在工程浏览器的目录显示区，选择"文件\命令语言\事件命令语言"，在右侧目录内容显示区双击"新建"图标，弹出事件命令语言编辑器，如图 5-3 所示。事件命令语言有三种类型：

（1）发生时：事件条件初始成立时执行一次。

（2）存在时：事件存在时定时执行，在"每…毫秒"编辑框中输入执行周期，则当事件条件成立存在期间周期性执行命令语言。

（3）消失时：事件条件由成立变为不成立时执行一次。

在"事件描述"中输入命令语言执行的条件。在"备注"中可以输入对该命令语言说明性的文字。

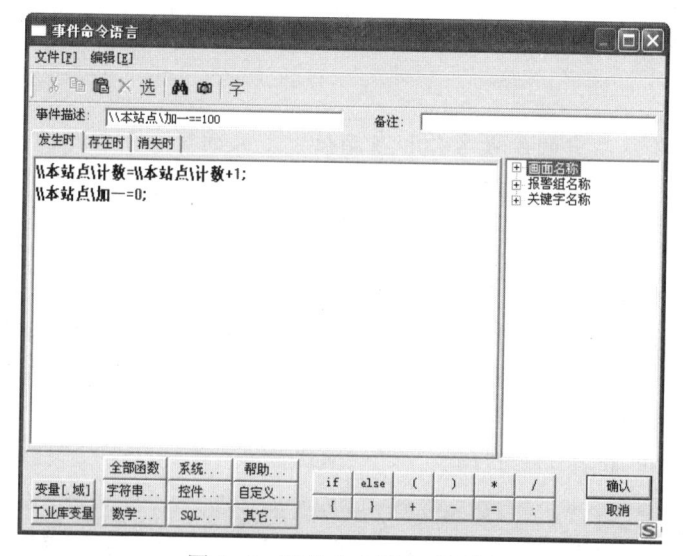

图 5-3　事件命令语言对话框

4. 热键命令语言

在实际的工业现场，为了操作的需要可能需要定义一些热键，当某键被按下时使系统执行相应的控制命令。例如，当按下 F1 键时，使原料油出料阀被开启或关闭，这可以使用命令语言的热键命令语言来实现。

在软件运行期间，热键命令语言链接到工程人员预先指定的热键上，工程人员随时按下键盘上相应的热键都可以启动这段命令语言程序。热键命令语言可以指定用户的使用权限和操作安全区。

在工程浏览器的目录显示区，选择"文件\命令语言\热键命令语言"，在右侧目录内容显示区双击"新建"图标，弹出热键命令语言编辑器，就可以输入热键命令语言的程序。

在定义热键命令语言的时候，用户可以选择 **Ctrl** 和 **Shift** 键或者它们与后面选项中的任意一个组合键。

5. 自定义函数命令语言

如果组态王提供的各种函数不能满足工程的特殊需要，还可利用组态王提供的用户自定义函数功能。用户可以自己定义各种类型的函数，通过这些函数能够实现工程特殊的需要。如特殊算法、模块化的公用程序等，都可通过自定义函数来实现。

自定义函数是利用类似 C 语言来编写的一段程序，其自身不能直接被组态王触发调用，必须通过其他命令语言来调用执行。

编辑自定义函数时，在工程浏览器的目录显示区选择"文件\命令语言\自定义函数命令语言"，在右侧目录内容显示区双击"新建"图标，弹出自定义函数命令语言编辑器，即可输入自定义函数命令语言。

➡ 提示

◆ 自定义函数中的函数名称和在函数中定义的变量不能与组态王中定义的变量、组态王的关键字、函数名等相同。

6. 画面命令语言

画面命令语言是与画面显示与否有关系的命令语言程序。画面命令语言定义在画面属性中。打开一个画面，选择菜单"编辑\画面属性"，或用鼠标右键单击画面，在弹出的快捷菜单中选择"画面属性"菜单项，打开画面属性对话框，在对话框上单击"命令语言…"按钮，弹出画面命令语言编辑器，如图 5-4 所示。在此可输入画面命令语言程序。

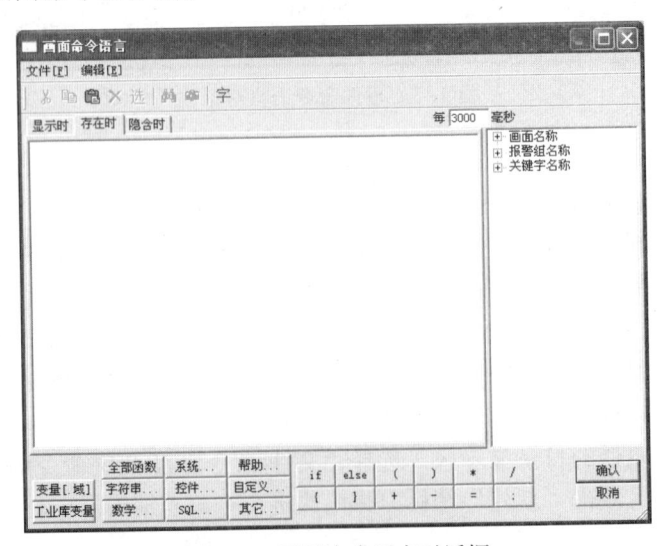

图 5-4 画面命令语言对话框

画面命令语言分为 3 个部分：显示时、存在时、隐含时。

（1）显示时：打开或激活画面为当前画面，或画面由隐含变为显示时命令语言执行一次。

（2）存在时：画面在当前显示时，或画面由隐含变为显示时周期性执行，在"每…毫秒"编辑框中输入执行的时间周期。

（3）隐含时：画面由当前激活状态变为隐含或被关闭时执行一次。

只与画面相关的命令语言可以写到画面命令语言里——如画面上动画的控制等，而不必写到后台命令语言中——如应用程序命令语言等，这样可以减轻后台命令语言的压力，提高系统运行的效率。

> 提示

◆ 只有画面被关闭或被其他画面完全遮盖时，画面命令语言才会停止执行。

7. 动画连接命令语言

对于图素，有时一般的动画连接表达式完成不了工作，而程序只需要点击一下画面上的按钮等图素才执行，如点击一个按钮，执行一连串的动作，或执行一些运算、操作等。这时可以使用动画连接命令语言。该命令语言是针对画面上图素的动画连接，组态王中的大多数图素都可以定义动画连接命令语言。如在画面上放置一个按钮，双击该按钮，弹出"动画连接"对话框，如图5-5所示。

在"命令语言连接"选项中包含3个选项：

（1）按下时：按下该按钮时，或与该连接相关联的热键被按下时执行一次。

（2）弹起时：当该按钮弹起时，或与该连接相关联的热键弹起时执行一次。

（3）按住时：按住该按钮上时，或与该连接相关联的热键被按住，没有弹起时周期性执行该段命令语言。按住时命令语言连接可以定义执行周期，在按钮后面的"毫秒"标签编辑框中输入命令语言执行的时间周期。

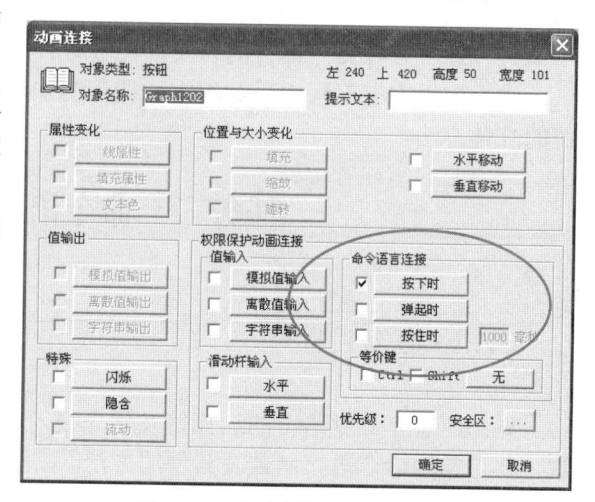

图5-5 动画连接中的命令语言

单击上述任何一个按钮都会弹出动画连接命令语言编辑器，如图5-6所示。

动画连接命令语言可以定义关联的动作热键，如图5-5所示。单击"等价键"中的"无"按钮，可以选择关联的热键，也可以选择Ctrl、Shift与之组成组合键。运行时，按下此热键，效果同在按钮上按下鼠标键相同。

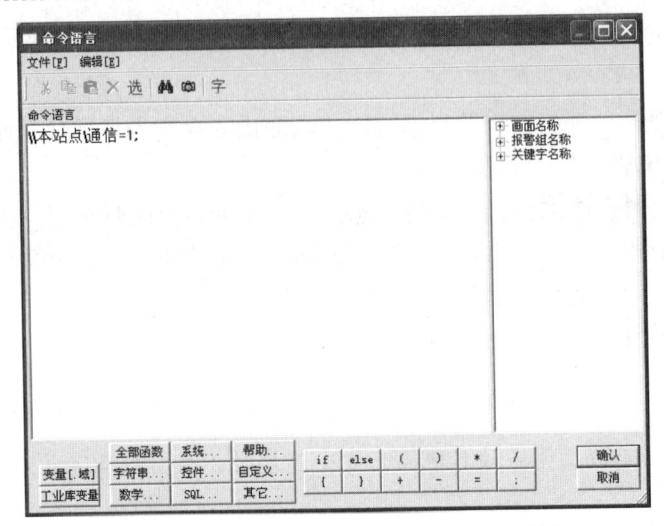

图 5-6 动画连接中的命令语言编辑对话框

定义有动画连接命令语言的图素可以定义操作权限和安全区,只有符合安全条件的用户登录后,才可以操作该按钮。

5.1.5 问题讨论

(1)理解各种命令语言的含义,比较各种类型命令语言功能的异同点。
(2)在组态王工程中,利用本次课程的知识尝试分析并总结实现退出运行系统的几种方法。

任务二 命令语言语法

5.2.1 任务目标

熟悉组态王命令语言的运算符及优先级,掌握组态王命令语言的基本语法知识,熟悉常用命令语言函数及其使用方法。

5.2.2 任务分析

命令语言程序是由用户编制的、用来完成特定操作和处理的程序,命令语言的语法和C语言非常类似,可以说是C的一个简化子集,具有完备的词法语法查错功能和丰富的运算符、数学函数、字符串函数、控件函数、SQL函数和系统函数,在概念和使用上简单直观。

对于大多数简单的应用系统，使用组态王软件进行简单的组态就可完成。对于比较复杂的控制系统，通过正确地编写命令语言程序，可简化组态过程，大大提高系统工作效率，优化控制过程。因此，掌握命令语言的基本语法知识是十分必要的。

5.2.3 相关知识

1. 表达式

由数据对象（包括设计者在实时数据库中定义的数据对象、系统内部数据对象和系统内部函数）、括号和各种运算符组成的运算式称为表达式，表达式的计算结果称为表达式的值。当表达式中包含有逻辑运算符或比较运算符时，表达式的值只可能为 0（条件不成立，假）或非 0（条件成立，真），这类表达式称为逻辑表达式；当表达式中只包含算术运算符，表达式的运算结果为具体的数值时，这类表达式称为算术表达式；常量或数据对象是狭义的表达式，这些单个量的值即为表达式的值。表达式值的类型即为表达式的类型，必须是开关型、数值型、字符型 3 种类型中的一种。

表达式是构成命令语言程序的最基本元素，在组态王其他部分的组态中，也常常需要通过表达式来建立实时数据库与其他对象的连接关系，正确输入和构造表达式是组态王工程的一项重要工作。表达式是由数据字典中定义的变量、变量域、报警组名、数值常量以及各种运算符组成，与 C 语言中的表达式非常类似。

表达式举例：

单独的变量或变量的域：开关、液面高度.alarm。

复杂的表达式：开关==1、液面高度>50&&液面高度<80、（开关 1||开关 2）&&（液面高度.alarm）。

命令语言程序的语法与一般 C 程序的语法没有大的区别，每一程序语句的末尾应该用分号 ";" 结束，在使用 if-else、while () 等语句时，其程序要用花括号 "{ }" 括起来。

2. 运算符及优先级

用运算符连接变量或常量就可以组成较简单的命令语言语句，如赋值、比较、数学运算等。命令语言中可使用的运算符以及运算符优先级与连接表达式相同。

（1）运算符种类，运算符的种类如表 5-1 所示。

表 5-1 运算符种类

运算符	功　　能
~	取补码，将整型变量变成 "2" 的补码。
*	乘法

续表

运算符	功　能
/	除法
%	模运算
+	加法
—	减法（双目）
&	整型量按位与
|	整型量按位或
^	整型量异或
&&	逻辑与
||	逻辑或
<	小于
>	大于
<=	小于或等于
>=	大于或等于
==	等于（判断）
=	赋值（等于）
!=	不等于

提示

◆ 除上述运算符以外，还可使用如表 5-2 所示的运算符增强运算功能：

表 5-2　增强运算功能的运算符

运算符	功　能
—	取反，将正数变为负数（单目）
!	逻辑非
( )	括号，保证运算过程按所需次序进行

（2）运算符的优先级。

下面列出运算符的运算次序，首先计算最高优先级的算符，再依次计算较低优先级的算符。同一行的运算符有相同的优先级。

```
(  )
-(单目), !, ~
*  ,  /  ,  %
+  ,  -
<, >, <=, >=, ==, !=
&, |, ^
&&    ||
=
```

最高优先级

最低优先级

5.2.4 任务实施

由于组态王的命令语言程序是为了实现某些多分支流程的控制及操作处理，因此只包括了几种最简单的语句：赋值语句、条件语句、循环语句和注释语句。所有的命令语言程序都可由这 4 种语句组成。根据书写程序的习惯，大多数情况下，一个程序行只包含一条语句，赋值程序行中根据需要可在一行上放置多条语句。程序行也可以是没有任何语句的空行。

1. 赋值语句

赋值语句用得最多，其基本语法格式如下：

变量（变量的可读写域）=表达式；

可以给一个变量赋值，也可以给可读写变量的域赋值。

例如：

\\本站点\启动开关=1；表示将启动开关置为开（1 表示打开，0 表示关闭）。

\\本站点\静态变量=\\本站点\静态变量+10；表示将静态变量自身加 10。

2. 条件语句

条件语句指的是 if-else 语句，该语句用于按表达式的状态有条件地执行不同的程序，可以嵌套使用。"if"语句的表达式一般为逻辑表达式，也可以是值为数值型的表达式，当表达式的值为非 0 时，条件成立，执行"else"后的语句，否则，条件不成立，将不执行该条件块中包含的语句，开始执行该条件块后面的语句。其语法结构为：

```
if(表达式)
{
    一条或多条语句;
}
else
{
    一条或多条语句;
}
```

➡ 提示

◆ if-else 语句里如果是单条语句可省略花括弧"{ }"，多条语句必须在一对花括弧"{}"中，else 分支可以省略。

◆ if-else 语句中的关键字"if"和"else"不分大小写。如拼写不正确，检查程序会提示出错信息。

◆ 值为字符型的表达式不能作为"if"语句中的表达式。

例1：
```
if(原料罐液位<20&&自动开关)
{ 进料阀=1; }
```
上述语句表示判断原料罐液位值如果小于20并且自动开关为1的时候，将启动进料阀（将进料阀变量赋值为1）。

例2：
```
if(反应罐液位>=180)
{ 搅拌电机开关=1; }
else
{ 搅拌电机开关=0; }
```
上述语句表示判断反应罐的液位值如果大于等于180就启动搅拌电机开关，如果液位值小于180就关闭搅拌电机开关。

例3：
```
if( 出料阀==1&& 原料罐液位>0 )
{
    if(泵站开关==0 )
    { 反应罐液位=反应罐液位+20; }
    else
    { 反应罐液位=反应罐液位+10; }
}
```
上述语句表示首先判断若出料阀置位并且原料罐液位值大于0，则执行花括号内的部分，再判断泵站开关的状态，若泵站开关等于0则反应罐液位自身加20；若泵站开关等于1则反应罐液位自身加10。

3. 循环语句

组态王软件中的循环语句是指 while 语句，当 while（）括号中的表达式条件成立时，循环执行后面"{}"内的程序，条件不成立时，程序略过 while 语句继续执行下面的程序。循环语句的基本格式如下：
```
while(表达式)
{
    一条或多条语句；
}
```

➡ 提示

◆ 同 if 语句一样，while 里的语句若是单条语句，可省略花括弧"{ }"，但若是多条语句必须在一对花括弧"{ }"中。

◆ while 语句使用的时候要谨慎，循环体必须是一个能够结束的循环动作，否则会造成死循环。

例：
```
while (循环次数<=5)
{
    ReportSetCellvalue("实时报表",循环次数, 1, 原料罐液位);
    循环次数=循环次数+1;
}
```
当变量"循环"的值小于等于 5 时，向报表第一列的 1～5 行添入变量"原料罐液位"的值。应该注意使 whlie 表达式条件满足，然后再退出循环。

4. 注释语句

命令语言程序添加注释，有利于程序的可读性，也方便程序的维护和修改。组态王的所有命令语言中都支持注释。注释的方法分为单行注释和多行注释两种。注释语句在命令语言程序中只起到注释说明的作用，实际运行时，系统不对注释语句作任何处理，并且注释可以在程序的任何地方进行。

例 1：
```
if( 原料罐液位>480&&自动开关 )       //根据原料罐液位控制进料阀
{ 进料阀=0; }
```

例 2：
```
/*根据原料罐液位
控制进料阀*/
if( 原料罐液位>480&&自动开关 )
{ 进料阀=0; }
if( 原料罐液位<20&&自动开关 )
{ 进料阀=1; }
```

▶ 提示

◆ 单行注释在注释语句的开头加注释符"//"。

◆ 多行注释是在注释语句前加"/*"，在注释语句后加"*/"。多行注释也可以用在单行注释上。

◆ 多行注释不能嵌套使用。

5.2.5 知识进阶

组态王 6.53 软件中提供了 240 多个命令语言函数。这些函数都是组态王内建的函数。其中包括数学函数、字符串函数、控件函数、系统函数、报表函数及其他函数等。在使用中，函数名不区分大小写。

1. 数学函数的定义和使用方法

（1）数学函数主要包括以下 17 个函数，定义如下：

Abs：用于计算变量的绝对值；

ArcCos：用于计算变量值的反余弦值；

ArcSin：用于计算变量值的反正弦值；

Cos：用于计算变量值的余弦值；

Exp：返回指数函数 ex 的计算结果；

Int：返回小于等于指定数值的最大整数；

LogE：返回对数函数 logex 计算结果；

LogN：返回以 n 为底的 x 的对数；

Max：求得给定的数中最大的一个；

Min：求得给定的数中最小的一个；

PI：返回圆周率的值；

Pow：求得一模拟值或模拟变量的任意次幂；

Sgn：判别一个数值的符号（正、零或负）；

Sin：用于计算变量值的正弦值；

Sqrt：用于计算变量值的平方根；

Tan：用于计算变量值的正切值；

Trunc：通过删去小数点右边部分的方式截取一个实数。

（2）数学函数的语法格式：（以 Abs 为例说明数学函数的使用方法）

　　Abs(变量名或数值)；

返回值：整值或实型值；

例如：

Abs(14)；返回值为 14；

Abs(-7.5)；返回值为 7.5；

Abs(距离)；返回内存模拟变量"距离"的绝对值。

2. 字符串函数的定义和使用方法

（1）字符串函数主要包括 20 个函数，部分定义如下：

DText：按离散变量的值动态地改变字符串变量；

StrASCII：返回某一指定的字符串变量首字符的 ASCII 值；

StrChar：返回某一指定 ASCII 码所对应的字符；

StrFromInt：将一整数值转换为另一进制下的字符串表示；

StrFromReal：将一实数值转换成字符串形式；

StrFromTime：将一时间值转换成字符串；

StrInStr：返回对象文本在某一文本中第一次出现的位置；

StrLeft：返回指定字符串变量的开始（或最左）若干个字符；

StrLen：返回指定字符串变量的长度；
StrLower：将指定文字中的所有大写字母转换为小写字母；
StrMid：从一个字符串变量中指定的位置开始返回指定个数的字符；
StrReplace：替换或改变字符串的指定部分；
StrRight：返回指定字符串变量的最末端（或最右）若干个字符；
StrSpace：在字符串变量中或表达式中产生一个空格串；
……

（2）字符串函数的语法格式（以 Dtext 为例说明字符串函数的使用方法）：
```
Str = Dtext(Discrete_Tag, OnMsg, OffMsg);
```
- Discrete_Tag——离散变量名；
- OnMsg——字符串变量名；
- OffMsg——字符串变量名。

当 Discrete_Tag=1 时，Str 的值为 OnMsg；
当 Discrete_Tag=0 时，Str 的值为 OffMsg。
例如：
```
Str=Dtext(电源开关,"电源打开","电源关闭");
```
当电源开关=1 时，Str 的值为"电源打开"；
当电源开关=0 时，Str 的值为"电源关闭"。

3. 控件函数的定义和使用方法

（1）控件函数主要包括 34 个函数，部分定义如下：
chartADD：在指定的棒图控件中增加一个新的条形图；
chartClear：在指定的棒图控件中清除所有的棒形图；
chartSetValue：在指定的棒图控件中设定/修改索引值为 Index 的条形图的数据；
……

（2）控件函数的调用格式：
函数名（参数 1，参数 2，…，参数 n）；
例如：
在画面命令语言编辑器中"显示时"，添加如下程序：
```
chartClear("Ctrl1");
chartAdd("Ctrl1", 反应罐液位, "反应罐液位值");
```
在画面命令语言编辑器中"存在时"，添加如下程序：
```
chartSetValue:("Ctrl1", 0, 反应罐液位);
```
上述语句的作用是：在画面显示时，首先清除控件 Ctrl1 中的所有棒形图，并在棒图控件 Ctrl1 中增加一个标签为"反应罐液位值"的条形图，其初始值为"反应罐液位"的实时值。在画面存在时，在棒图控件 Ctrl1 中设定索引值为 0（第一条）的条形图的数据为"反应罐液位"的实时值。

4. 系统函数的定义和使用方法

（1）系统函数主要包括 26 个函数，部分定义如下：

ActivateApp：激活正在运行的窗口应用程序，使之变为当前窗口；

StartApp：启动另一个窗口应用程序；

Exit：使组态王退出运行环境；

……

（2）系统函数的调用格式：

函数名（"应用程序名"或者参数）；

例如：

```
ActivateApp ( "Word.exe" )
StartApp ( "Word.exe" )
Exit (参数)    0-退出当前程序；1-关机；2-重新启动 Windows
```

5. 报表函数的定义和使用方法

（1）报表函数主要包括 24 个函数，部分定义如下：

ReportPrint：将指定的数据报告文件输出到"系统配置\打印配置"中规定的打印机上；

ReportPrint2：报表专用函数。将指定的报表输出到打印配置中指定的打印机上打印；

ReportPrintSetup：对指定的报表进行打印预览并且可输出到打印配置中指定的打印机上进行打印；

ReportGetCellString：报表专用函数，获取指定报表的指定单元格的文本；

ReportGetCellValue：报表专用函数，获取指定报表的指定单元格的数值；

ReportGetColumns：报表专用函数，获取指定报表的列数；

ReportGetRows：报表专用函数，获取指定报表的行数；

ReportSetRows：报表专用函数，设置指定报表的行数；

ReportSetColumns：报表专用函数，设置指定报表的列数；

……

（2）报表函数的语法格式：

```
ReportPrintSetup(szRptName);
```

szRptName——要打印预览的报表名称。

例如：

```
ReportPrintSetup("实时数据报表");
```

6. 其他函数的定义和使用方法

其他函数包括 100 多个，部分定义如下：

ClosePicture：将调入内存的画面关闭，并从内存中删除；

ShowPicture：用于显示画面；

HidePicture：隐藏正在显示的的画面，但并不从内存中删除；

Sendkeys：和 ActivateApp、StartApp 配合使用，完成远程控制能力；

LogOn、LogOff、LogString：在 TouchView 中登录、退出登录、自定义消息到组态王信息窗口；

……

语法格式如下：

`ClosePicture("画面名");`

例如：

`ClosePicture("反应车间");`

5.2.6 问题讨论

（1）正确区分组态王命令语言中使用的运算符及优先级。

（2）利用命令语言的基本语句知识，尝试编写延时 3 分钟的命令语言程序。

（3）仔细阅读一遍《组态王命令语言函数手册》，试练习函数的使用。

项目六　趋势曲线

项目任务单

项目任务	1. 了解实时趋势曲线和历史趋势曲线的基本概念； 2. 掌握实时趋势曲线的使用方法，熟悉实时趋势曲线控件的使用； 3. 掌握通用历史趋势曲线和历史趋势曲线控件的使用方法，熟悉个性化历史趋势曲线的使用。
工艺要求及参数	1. 准确理解与实时趋势曲线和历史趋势曲线有关的配置项； 2. 能够正确实现实时趋势曲线的功能； 3. 正确建立通用历史趋势曲线； 4. 利用组态王控件正确建立历史趋势曲线； 5. 正确建立个性化的历史趋势曲线。
项目需求	1. PDF 格式文档阅读器； 2. 熟练使用组态王工程浏览器的菜单、工具等； 3. 包含设备和变量，并且能够运行的简单工程（如仿真 PLC 工程）。
提交成果	1. 在组态王工程中建立实时趋势曲线，并在运行系统中显示； 2. 在组态王工程中建立所讲的几种类型历史趋势曲线，并在运行系统中显示。

任务一　实时趋势曲线

6.1.1　任务目标

了解实时趋势曲线的作用，掌握组态王内置实时趋势曲线的使用方法，熟悉实时趋势曲线控件的使用。

6.1.2　任务分析

在实际生产过程控制中，对实时数据的查看、分析是不可缺少的工作。但对大量数据仅做定量的分析还远远不够，必须根据大量的数据信息，画出曲线，分析曲线的变化趋势并从中发现数据变化规律，曲线处理在工控系统中是一个非常重要的部分。

6.1.3　相关知识

1. 趋势曲线简介

趋势曲线是以曲线的形式，形象地反映生产现场实时或历史数据信息。因此，无论何种曲线，都需要为其定义显示数据的来源。实时数据源则使用组态王的实时数据库作为数据来源。组态时，将曲线与组态王实时数据库中的数据对象相连接，运行时，曲线构件即定时地从组态王实时数据库中读取相关数据对象的值，从而实现实时刷新曲线的功能。

趋势分析是控制软件必不可少的功能，"组态王"对该功能提供了强有力的支持和简单的控制方法。趋势曲线有实时趋势曲线和历史趋势曲线两种。曲线外形类似于坐标纸，X轴代表时间，Y轴代表变量值。对于实时趋势曲线最多可显示四条曲线；而历史趋势曲线最多可显示十六条曲线，而一个画面中可定义数量不限的趋势曲线（实时趋势曲线或历史趋势曲线）。在趋势曲线中工程人员可以规定时间间距，数据的数值范围，网格分辨率，时间坐标数目，数值坐标数目，以及绘制曲线的"笔"的颜色属性。画面程序运行时，实时趋势曲线可以自动卷动，以快速反应变量随时间的变化；历史趋势曲线不能自动卷动，它一般与功能按钮一起工作，共同完成历史数据的查看工作。这些按钮可以完成翻页、设定时间参数、启动/停止记录、打印曲线图等复杂功能。

2. 曲线控件

控件实际上是可重用对象，用来执行专门的任务，是具备某种特定功能的程序模块，可以用 VB，VC 等程序设计语言编写，通过编译，生成 DLL、OCX 等文件。每个控件实质上都是一个微型程序，但不是一个独立的应用程序，通过控件的属性、方法等控制控件的外观和行为，接受输入并提供输出。用户对控件设置一定的属性，并与定义的数据变量相连接，即可在运行中实现相应的功能。组态王的控件（如温控曲线、X-Y轴曲线）就是一种微型程序，它们能提供各种属性和丰富的命令语言函数用来完成各种特定的功能。

6.1.4 任务实施

实时趋势曲线是用曲线显示一个或多个数据对象数值的动画图形，像笔绘记录仪一样实时记录数据对象值的变化情况。在画面运行时实时趋势曲线对象由系统自动更新，数据将从趋势图框的右边进入，同时趋势曲线将从右向左移动。

1. 创建实时趋势曲线

在组态王画面开发系统中，选择菜单"工具\实时趋势曲线"项或单击工具箱中的"实时趋势曲线"按钮，此时鼠标在画面中变为"+"字形，将鼠标光标放于一个起始位置，此位置就是实时趋势曲线矩形区域的左上角。再用鼠标牵拉出一个矩形，实时趋势曲线将在

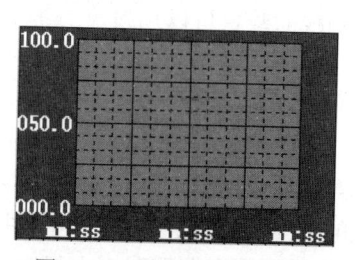

图 6-1 实时趋势曲线窗口

此矩形中绘出。可以通过选中实时趋势曲线对象（周围出现 8 个小矩形）来移动位置或改变大小，如图 6-1 所示。

实时趋势曲线窗口的中间有一个带有网格的绘图区域，表示曲线将在这个区域中绘出，网格下方和左方分别是 X 轴（时间轴）和 Y 轴（数值轴）的坐标标注。在画面运行时实时趋势曲线窗口由系统自动更新。

2. 曲线定义

在创建实时趋势曲线窗口后，双击此对象，弹出"实时趋势曲线"设置对话框，如图 6-2 所示。实时趋势曲线设置分为两个属性页："曲线定义"属性页、"标识定义"属性页。

在曲线定义属性页中不仅可以设置曲线窗口的显示风格，还可以设置趋势曲线中所要显示的变量。

"曲线定义"属性页各选项含义如下：

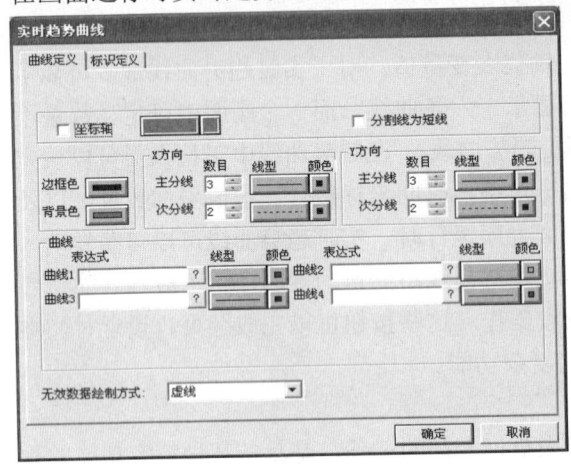

图 6-2 实时趋势曲线的曲线定义属性页

坐标轴：选择曲线图表坐标轴的线形和颜色。选择"坐标轴"复选框后，坐标轴的线形和颜色选择按钮变为有效，通过单击线形按钮或颜色按钮，在弹出的列表中选择坐标轴的线形或颜色。用户可以根据图表绘制需要，选择是否显示坐标轴。

分割线为短线：目的是为了选择分割线的类型。选中此项后坐标轴上只会出现很短的主分割线，整个图纸区域接近空白状态，没有网格，同时下面的"次分割线"选项变成灰色，图表上不显示次分割线。

边框色、背景色：分别规定绘图区域的边框和背景（底色）的颜色。按动这两个按钮的方法与坐标轴按钮类似，弹出的浮动对话框也与之大致相同。

X 方向、Y 方向：X 方向和 Y 方向的主分割线将绘图区划分成矩形网格，次分割线将再次划分主分割线划分出来的小矩形。这两种线都可改变线型和颜色。分割线的数目可以通过小方框右边加减按钮增加或减小，也可通过编辑区直接输入。可以根据实时趋势曲线的大小决定分割线的数目，分割线最好与标识定义（标注）相对应。

曲线：定义所绘的 1~4 条曲线 Y 坐标对应的表达式，实时趋势曲线可以实时计算表达式的值，所以它可以使用表达式。实时趋势曲线名的编辑框中可输入有效的变量名或表达式，表达式中所用变量必需是数据库中已定义的变量。右边的"？"按钮可列出数据库中已定义的变量供选择。每条曲线可通过右边的线型和颜色按钮来改变线型和颜色。在定义曲线属性时，至少应定义一条曲线变量，否则系统会提示出错信息。

无效数据绘制方式：在系统运行时对于采样到的无效数据的绘制方式选择。可以选择三种形式：虚线、不画线和实线。

3. 标识定义

在标识定义属性页中可以设置数值轴和时间轴的显示风格。标识定义属性页设置内容如图 6-3 所示。

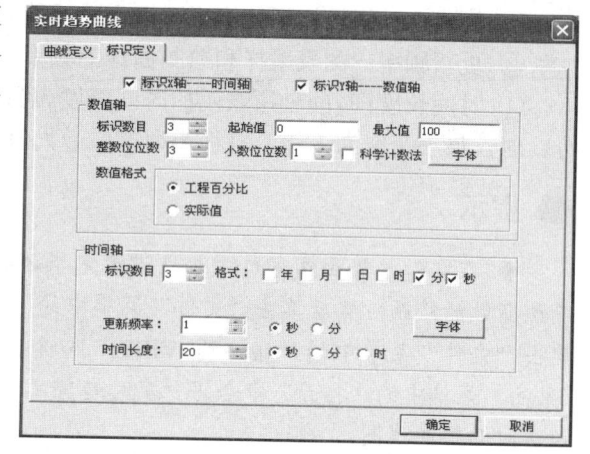

图 6-3 实时趋势曲线的标识定义属性页

"标识定义"属性页各选项含义如下：

（1）标识 X 轴——时间轴、标识 Y 轴——数值轴：选择是否为 X 或 Y 轴加标识，即在绘图区域的外面用文字标注坐标的数值。如果此项选中，左边的检查框中有小叉标记，同时下面定义相应标识的选择项也由无效变为有效。

（2）数值轴（Y 轴）定义区：因为一个实时趋势曲线可以同时显示 4 个变量的变化，而各变量的数值范围可能相差很大，为使每个变量都能表现清楚，组态王中规定，变量在 Y 轴上以百分数表示，即以变量值与变量范围（最大值与最小值之差）的比值表示。所以 Y 轴的范围是 0（0%）～1（100%）。

① 标识数目：数值轴标识的数目，这些标识在数值轴上等间隔分布。

② 起始值：曲线图表上纵轴显示的最小值。如果选择"数值格式"为"工程百分比"，规定数值轴起点对应的百分比值，最小为 0。如果选择"数值格式"为"实际值"，则可输入变量的最小值。

③ 最大值：曲线图表上纵轴显示的最大值。如果选择"数值格式"为"工程百分比"，规定数值轴终点对应的百分比值，最大为 100。如果选择"数值格式"为"实际值"，则可输入变量的最大值。

④ 整数位位数：数值轴最少显示整数的位数。

⑤ 小数位位数：数值轴最多显示小数点后面的位数。

⑥ 工程百分比：数值轴显示的数据是百分比形式。

⑦ 实际值：数值轴显示的数据是该曲线的实际值。

（3）时间轴（X 轴）定义区：定义时间轴标识数目、格式、更新频率等。

① 标识数目：时间轴标识的数目，这些标识在数值轴上等间隔分布。在组态王开发系统中时间是以 yy:mm:dd:hh:mm:ss 的形式表示，在组态王 TouchView 运行系统中显示实际的时间。

② 格式：时间轴标识的格式，选择显示的时间量。

③ 更新频率：图表采样和绘制曲线的频率，最小 1 秒。运行时不可修改。

④ 时间长度：时间轴所表示的时间跨度。可以根据需要选择时间单位——秒、分、时，最小跨度为 1 秒，每种类型单位最大值为 8 000。

➡ 提示

◆ 在实时趋势曲线窗口中参数设置完毕之后单击"确定"按钮关闭对话框，确认所做的修改。然后单击"文件"菜单中的"全部存"命令，保存所作的设置。单击"文件"菜单中的"切换到 VIEW"命令，进入运行系统，通过运行界面中"画面"菜单中的"打开"命令将"实时趋势曲线画面"打开后即可看到连接变量的实时趋势曲线图。

6.1.5 知识进阶

组态王提供两种形式的实时趋势曲线：组态王画面开发系统工具箱中的内置实时趋势曲线和实时趋势曲线 ActiveX 控件。前面已经讲解了组态王画面开发系统工具箱中的内置实时趋势曲线的应用，下面就简单介绍实时趋势曲线 ActiveX 控件的使用。

1. 创建实时趋势曲线控件

打开组态王开发系统画面，在工具箱中单击"插入通用控件"或选择菜单"编辑\插入通用控件"命令，弹出"插入控件"对话框，在列表中选择"CkvrealTimeCurves Control"，单击"确定"按钮，对话框自动消失，鼠标箭头变为小"+"字型，在画面上选择控件的左上角，按下鼠标左键并拖动，画面上显示出一个虚线的矩形框，该矩形框为创建后的曲线的外框。当达到所需大小时，松开鼠标左键，则实时趋势曲线控件创建成功，画面上显示出该曲线，如图 6-4 所示。

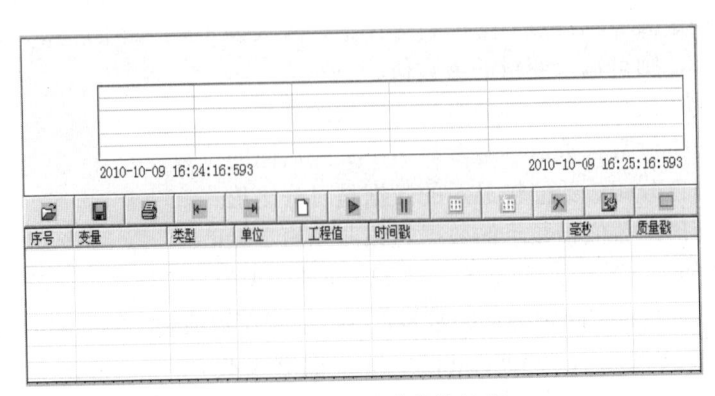

图 6-4 实时趋势曲线控件窗口

2. 设置实时趋势曲线控件的属性

实时趋势曲线控件创建完成后，在该控件上单击右键，在弹出的快捷菜单中选择"控件属性"命令，弹出实时趋势曲线控件的属性设置对话框，它包括两个属性页："常规"属性页和"曲线"属性页，如图 6-5 和图 6-6 所示。

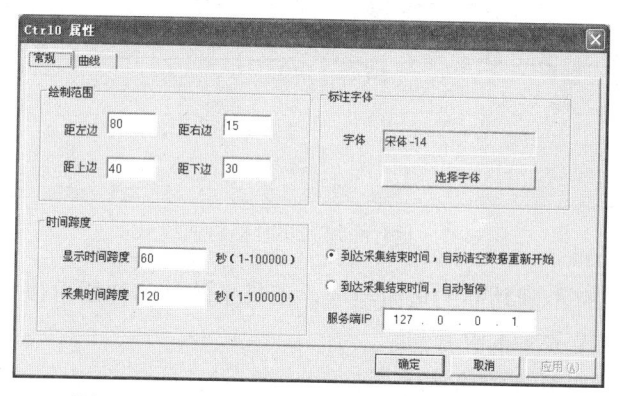

图 6-5　实时趋势曲线控件属性的常规属性页

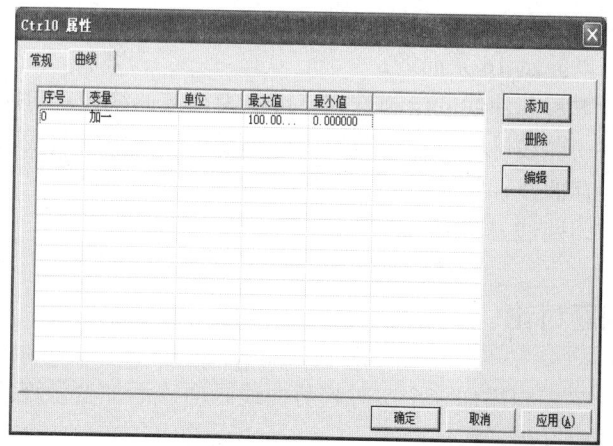

图 6-6　实时趋势曲线控件属性的曲线属性页

在"曲线"属性页中可以进行曲线添加，编辑和删除的操作。

3. 修改运行时的实时趋势曲线属性

实时趋势曲线属性定义完成后，保存所有组态画面，进入组态王运行系统，运行系统的实时趋势曲线如图 6-7 所示。

运行系统中绘图区显示实时趋势曲线和它们的对照曲线。在绘图区最多可以显示 16 条实时趋势曲线。在绘图区按住鼠标左键不放，左右拖动鼠标，可以使曲线左右平移。

变量列表区显示绘图区每条曲线关联的组态王变量信息。绘图区的每条曲线都有自己的 Y 轴，在变量列表中选中哪个变量，绘图区就显示哪个变量曲线的 Y 轴。

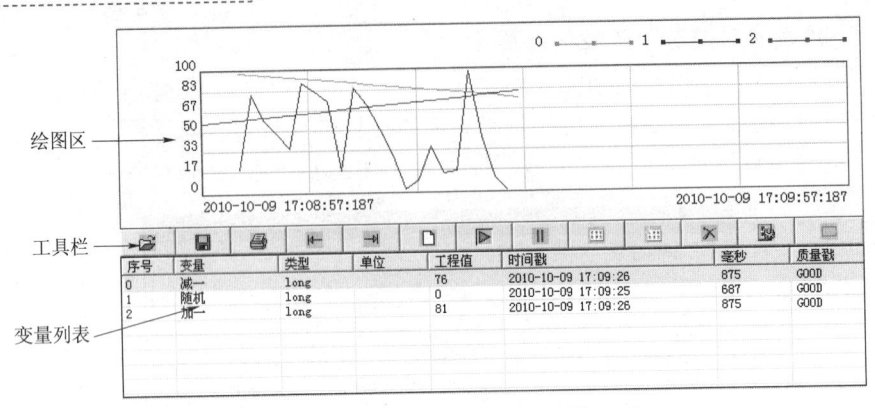

图 6-7 运行系统的实时趋势曲线显示

工具条由具有不同功能的按钮组成，工具条的具体作用可以通过将鼠标放到按钮上时弹出的提示文本中看到。

4. 实时趋势曲线控件的特点

（1）通过 TCP/IP 协议获得实时数据，数据服务器可以是任何一台运行组态王的机器，而不需进行组态王的网络配置。

（2）最多可以显示 16 条曲线。

（3）可以设置每条曲线的绘制方式，可以为每条曲线设定对照曲线。

（4）可以移动曲线，显示一个采集周期内任意时间段的曲线。

（5）可以保存曲线，加载曲线。

（6）可以打印曲线。

6.1.6 问题讨论

（1）在用户工程中添加一个实时趋势曲线画面，添加变量连接，并在运行系统中观察数据变化过程。

（2）试比较工具箱中的内置实时趋势曲线和实时趋势曲线 ActiveX 控件优缺点。

任务二 历史趋势曲线

6.2.1 任务目标

了解历史趋势曲线的作用，掌握通用历史趋势曲线和历史趋势曲线控件的使用方法。熟悉个性化历史趋势曲线的使用。

6.2.2 任务分析

历史趋势曲线能够实现历史数据的曲线浏览功能。运行时，历史趋势曲线是将历史存盘数据从数据库中读出，以时间为横坐标，数据值为纵坐标进行曲线绘制。历史趋势曲线构件能够根据需要画出相应历史数据的趋势效果图。同时，历史曲线也可以实现实时刷新的效果。历史趋势曲线主要用于事后查看数据和状态变化趋势和总结规律。

6.2.3 相关知识

1. 历史趋势曲线的三种形式

第一种是从图库中调用已经定义好各功能按钮的历史趋势曲线，这种形式使用简单方便，该曲线控件最多可以绘制 8 条曲线，但该曲线无法实现曲线打印功能。

第二种是调用历史趋势曲线控件，这种历史趋势曲线，功能很强大，使用比较简单。在运行状态下，可以实现在线动态增加/删除曲线、曲线图表的无级缩放、曲线的动态比较、曲线的打印等。

第三种是从工具箱中调用历史趋势曲线，这种历史趋势曲线，用户使用时自主性较强，能做出个性化的历史趋势曲线。该曲线控件最多可以绘制 8 条曲线，该曲线自身无法实现曲线打印功能。

2. 与历史趋势曲线有关的必配置项

无论使用哪一种形式的历史趋势曲线，都要进行相关配置，主要包括变量属性配置和历史数据文件存放位置配置。

（1）变量范围的设置。

由于历史趋势曲线数值轴显示的数据是以百分比来显示，因此对于要以曲线形式来显示的变量需要特别注意变量的范围。如果变量定义的范围很大，例如 −999 999～+999 999，而实际变化范围很小，例如 −0.000 1～+0.000 1，这样，曲线数据的百分比数值就会很小，在曲线图表上就会看不到该变量曲线的情况。关于变量范围的设置见图 6-8 所示。

（2）对变量作历史记录。

对于要以历史趋势曲线形式显示的变量，都需要对变量作记录。在组态王工程浏览器中单击"数据库"项，再选择"数据词典"项，选中要作历史记录的变量，双击该变量，则弹出"变量属性"对话框，选中"记录和安全区"属性页，选择变量记录的方式，如图 6-9 所示。

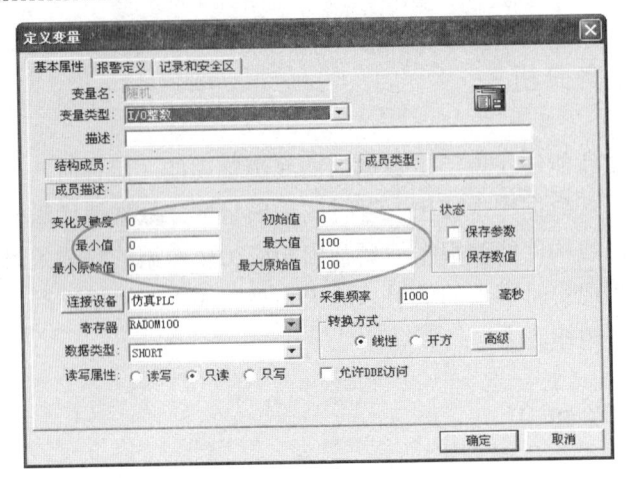

图 6-8　变量范围的设置

（3）设置历史库数据文件的存储目录。

在工程浏览器窗口左侧选择"工程目录显示区\系统配置\历史数据记录"选项，弹出"历史库配置"对话框，如图 6-10 所示。

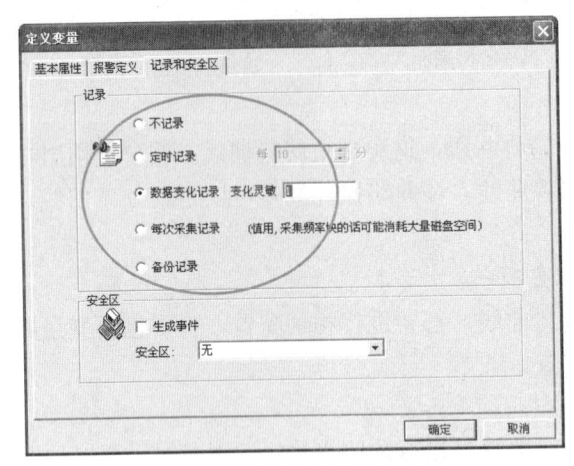

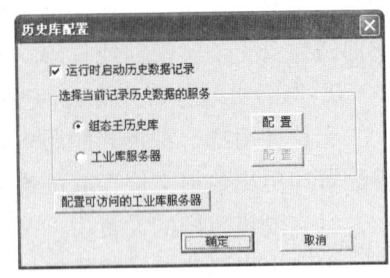

图 6-9　变量数据记录的设置　　　　图 6-10　历史库配置对话框

选中"运行时启动历史数据记录"可选项，并且单击"组态王历史库"右边的"配置"按钮，在弹出的对话框中设置历史数据文件在磁盘上的存储路径、磁盘空间报警限和数据保存天数即可。

提示

◆ 在组态王运行系统运行一定的时间后，会提示操作人员没有空闲磁盘空间时，系统就自动停止历史数据记录。当发生此情况时，将显示信息提示框并通知操作人员，操作人员应将数据转移到其它地方后，空出磁盘空间，再在组态王运行系统的菜单条上单击"特殊"菜单项,再从弹出的菜单命令中选择"重启历史数据记录"。

6.2.4 任务实施

1. 通用历史趋势曲线

(1) 创建通用历史曲线。

在组态王开发系统中进行画面制作时,选择菜单"图库\打开图库"项,弹出"图库管理器",单击"图库管理器"中的"历史曲线",在图库窗口内双击历史曲线(如果图库窗口不可见,请按 F2 键激活它),然后图库窗口消失,鼠标在画面中变为直角符号"⌐",鼠标移动到画面上适当位置,单击左键,历史曲线就复制到画面上了,如图 6-11 所示。拖动曲线图素四周的矩形柄,可以任意移动、缩放历史曲线。

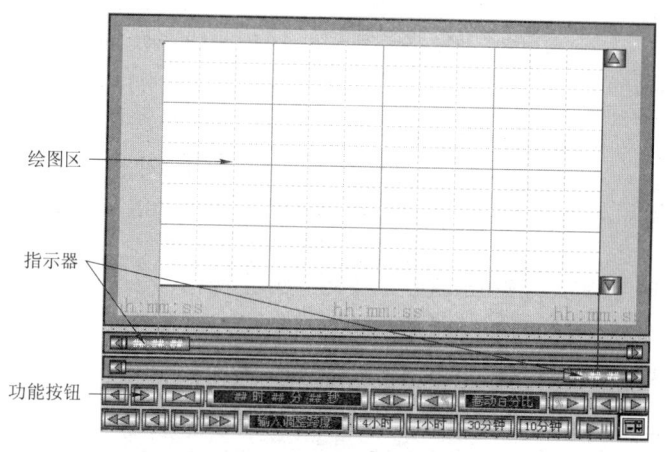

图 6-11 通用历史趋势曲线

历史趋势曲线对象的上方有一个带有网格的绘图区域,表示曲线将在这个区域中绘出,网格下方和左方分别是 X 轴(时间轴)和 Y 轴(数值轴)的坐标标注。

曲线的下方是指示器和两排功能按钮。可以通过选中历史趋势曲线对象(周围出现 8 个小矩形)来移动位置或改变大小。通过设置历史趋势曲线的属性可以定义曲线、功能按钮的参数、改变趋势曲线的笔属性和填充属性等,笔属性是趋势曲线边框的颜色和线型,填充属性是边框和内部网格之间的背景颜色和填充模式。

(2) 设置历史趋势曲线对话框。

在创建历史趋势曲线对象后,在对象上双击,弹出"历史曲线"向导对话框。历史趋势曲线对话框由"曲线定义""坐标系"和"操作面板和安全属性"三个属性页组成,如图 6-12~图 6-14 所示。

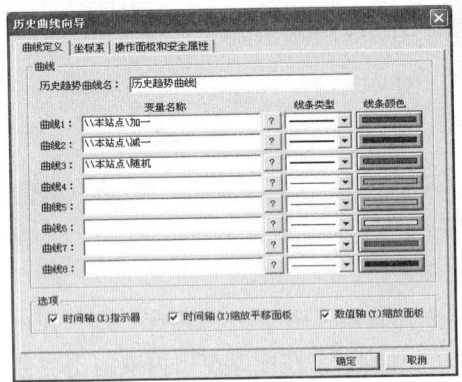

图 6-12 "曲线定义"属性页

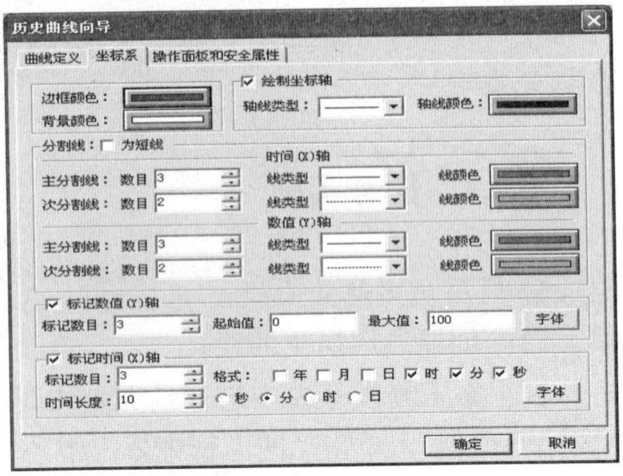

图 6-13 "坐标系"属性页

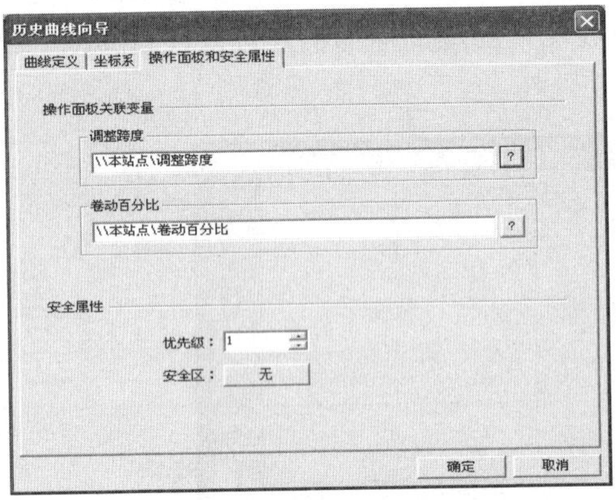

图 6-14 "操作面板和安全属性"属性页

"曲线定义"属性页的各项含义如下：

① 历史趋势曲线名：定义历史趋势曲线在数据库中的变量名（区分大小写），引用历史趋势曲线的各个域和使用一些函数时需要此名称。

② 曲线 1～曲线 8：定义历史趋势曲线绘制的 8 条曲线对应的数据变量名。单击右边的"？"按钮可列出数据库中已定义的变量供选择。每条曲线可由右边的"线条类型"和"线条颜色"选择按钮分别选择线型和线条颜色。

③ 选项：定义历史趋势曲线是否需要显示时间指示器、时间轴缩放平移面板和数值轴缩放面板。这三个面板中包含对历史曲线进行操作的各种按钮。选中各个复选框时（复选框中出现"√"号）表示需要显示该项。

"坐标系"属性页的各项含义如下：

① 边框颜色、背景颜色：分别规定网格区域的边框和背景颜色。

② 绘制坐标轴：选择是否在网格的底边和左边显示带箭头的坐标轴线。

③ 分割线为短线：选择分割线的类型。选中此项后坐标轴上只有很短的主分割线，整个图纸区域接近空白状态，没有网格，同时下面的"次分割线"选项变成灰色。

④ 分割线：X 方向和 Y 方向的"主分割线"将绘图区划分成矩形网格，"次分割线"将再次划分主分割线划分成的小矩形。这两种线都可通过"属性"按钮选择各自分割线的颜色和线型。

⑤ 标记时间（X）轴、标记数值（Y）轴：选择是否为 X 或 Y 轴加标识，即在绘图区域的外面用文字标注坐标的数值。如果此项选中，左边的检查框中出现

"√"号，同时下面定义相应标识的选择项也由灰变加亮。

⑥ 数值轴（Y 轴）定义区：因为一个历史趋势曲线可以同时显示 8 个变量的变化，而各变量的数值范围可能相差很大，为使每个变量都能表现清楚，组态王中规定，变量在 Y 轴上以百分数表示，即以变量值与变量范围（最大值与最小值之差）的比值表示。所以 Y 轴的范围是 0（0%）至 1（100%）。该定义区内各项含义如下。

标识数目：数值轴（Y 轴）标识的数目，这些标识在数值轴上等间隔设置。
起始值：规定数值轴（Y 轴）起点对应的百分比值，最小为 0。
最大值：规定数值轴（Y 轴）终点对应的百分比值，最大为 100。
字体：规定数值轴（Y 轴）标识所用的字体。

⑦ 时间轴（X 轴）定义区：定义时间轴的标识数目、格式等。该定义区内容项含义如下。

标识数目：时间轴标识的数目，这些标识在数值轴上等间隔。在组态王开发系统制作系统中时间是以 yy:mm:dd:hh:mm:ss 的形式表示，在 TouchView 运行系统中，显示实际的时间。

格式：时间轴标识的格式，选择显示哪些时间量。

时间长度：时间轴所表示的时间范围。运行时通过定义命令语言连接来改变此值。

字体：规定时间轴标识所用的字体。与数值轴的字体选择方法相同。

"操作面板和安全属性"属性页的各项含义如下：

操作面板关联变量用来定义 X 轴（时间轴）缩放平移的参数，即操作按钮对应的参数。包括调整跨度和卷动百分比。

① 调整跨度：历史趋势曲线可以向左或向右平移一个时间段，利用该变量来改变平移时间段的大小。该变量是一个整型变量，需要预先在数据词典中定义。

② 卷动百分比：历史趋势曲线的时间轴可以左移或右移一个时间百分比，百分比是指移动量与趋势曲线当前时间轴长度的比值，利用该变量来改变该百分比的值大小。该变量是整型变量，需要预先在数据词典中定义。

（3）时间轴指示器。

在组态王运行系统中移动趋势曲线的时间轴指示器，就可以查看整个曲线上变量的变化情况。移动指示器可以通过按钮来实现，另外，为用户操作使用方便，指示器也可以作为一个滑动杆，并且指示器已经建立好命令语言连接。移动方式可以分为左指示器向左移动、左指示器向右移动、右指示器向左移动和右指示器向右移动 4 种。

（4）曲线功能操作按钮。

由于画面运行时，不能够自动更新历史趋势曲线图表，所以需要为历史趋势曲线建立操作按钮，时间轴缩放平移面板就是提供一系列建立好命令语言连接的

103

操作按钮,可以完成查看变量历史数据的功能。

如图 6-15 所示,功能操作按钮的使用说明如下:

图 6-15 功能操作按钮

① 时间轴单边卷动按钮:包含第一排的最前面两个按钮和第一排最后面的两个按钮,其作用是单独改变趋势曲线左端或右端的时间值。其中移动量可以通过第二排操作按钮"4 小时""1 小时""30 分钟""10 分钟"来选择,或者通过"输入调整跨度"按钮(单位为秒)输入该移动量。

② 时间轴平动按钮:包含第二排前面的 4 个按钮,其作用是使历史趋势曲线的左端和右端同时左移或右移。其中移动量也是可以通过第二排操作按钮"4 小时""1 小时""30 分钟""10 分钟"来选择,或者通过"输入调整跨度"按钮(单位为秒)输入该移动量。

③ 时间轴百分比平移按钮:包含第一排第六、第七和第八个按钮,其作用是使历史趋势曲线的时间轴左移或右移一个百分比,百分比是指移动量与历史趋势曲线当前时间轴长度的比值。比如移动前时间轴的范围是 14:00～16:00,时间长度 120 分钟,左移 10%即 12 分钟后,时间轴变为 13:48～15:48。

④ 跨度调整和输入按钮:包含第二排第五～第九个按钮,其作用是选择或输入调整跨度量。

⑤ 时间轴缩放按钮:包含第一排第三～第五个按钮,建立时间轴上的缩放按钮的作用是为了快速、细致地查看数据的变化。缩放按钮用于放大或缩小时间轴上的可见范围。

⑥ 时间轴操作面板其他按钮:包含第二排最后两个按钮,它们分别是时间更新按钮和参数设置按钮。时间更新按钮将历史曲线时间轴的右端设置为当前时间,以查看最新数据。参数设置按钮在组态王画面开发系统运行时设置记录参数,包括记录起始时间、记录长度等。

2. 历史趋势曲线控件

历史趋势曲线控件是组态王以 ActiveX 控件形式提供的绘制历史曲线和 ODBC 数据库曲线的功能性工具。通过历史趋势曲线控件,不但可以实现历史曲线的绘制,还可以实现 ODBC 数据库中数据记录的曲线绘制,而且在运行状态下,可以实现在线动态增加/删除/隐藏曲线、曲线图表的无级缩放、曲线的动态比较、曲线的打印等。历史趋势曲线控件最多可以绘制 16 条曲线。

(1) 创建历史趋势曲线控件。

首先在组态王开发系统中新建组态画面,然后在工具箱中点击"插入通用控件"或选择菜单"编辑"下的"插入通用控件"命令,弹出"插入控件"对话框,

项目六 趋势曲线

在列表中选择"历史趋势曲线",单击"确定"按钮,对话框自动消失,鼠标箭头变为小"+"字型,在画面上选择控件的左上角,按下鼠标左键并拖动,画面上显示出一个虚线的矩形框,该矩形框为创建后的曲线的外框。当达到所需大小时,松开鼠标左键,则历史曲线控件创建成功,画面上显示出该曲线,如图 6-16 所示。历史趋势曲线控件由三部分构成:曲线图表显示区、曲线操作条和曲线变量显示区。

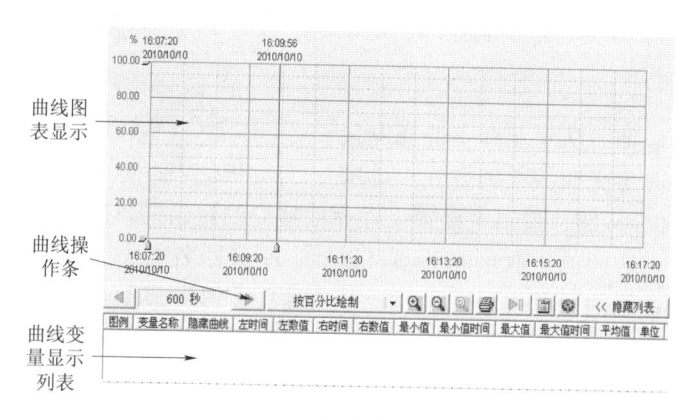

图 6-16 历史趋势曲线控件

(2) 设置历史趋势曲线固有属性。

历史曲线控件创建完成后,在控件上右击,在弹出的快捷菜单中选择"控件属性"命令,弹出历史曲线控件的固有属性对话框,如图 6-17 所示。

控件固有属性含有以下几个属性页:曲线、坐标系、预置打印选项、报警区域选项、游标配置选项。下面介绍属性页中常用选项部分的含义。

如图 6-17 所示,曲线属性页中左半部分"曲线"列表是定义曲线图表初始状态的曲线变量、绘制曲线的方式、是否进行曲线比较等。曲线属性页中右半部分为定义在绘制曲线时,历史数据的来源。曲线中数据的来源,可以是组态王的历史库、工业库或通过 ODBC 连接的数据源。

历史库中添加:从历史库中选择变量到曲线图表,并定义曲线绘制方式。单击"历史库中添加"按钮,弹出如图 6-18 所示的对话框。在"变量名称"文本框中输入要添加的变量的名称,或在左侧的列表框中选择。在"曲线定义"一栏中可以修改变量曲线的线类型、线颜色、绘制方式等信息,根据实际需要用户可以进行设置。

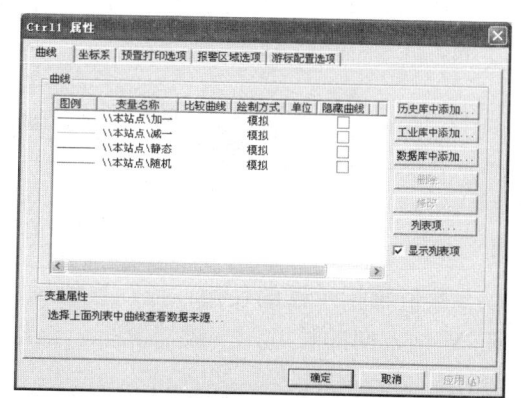

图 6-17 历史曲线控件的固有属性对话框

105

> **提示**
>
> ◆ 在增加曲线对话框中添加、修改历史库变量对应的曲线时，可以按照变量 ID 或变量名称升序或降序排列，以方便进行变量的查找。
>
> ◆ 在"变量名称"文本框中，一次只能添加一个变量。

工业库中添加：从工业库中选择变量到曲线图表，并定义曲线绘制方式，单击"工业库中添加"按钮，弹出"设置工业库曲线"的对话框。在"历史库配置"对话框中配置"可访问的工业库服务器"以后，服务器名称一栏列出可访问的工业库，选择需要访问的工业库，通过"选择变量"按钮进一步可以选择工业库中的变量。关于工业库、数据库的详细内容以及坐标系、预置打印选项、报警区域选项和游标配置选项具体的设置及使用方法，请参考《组态王使用手册》。

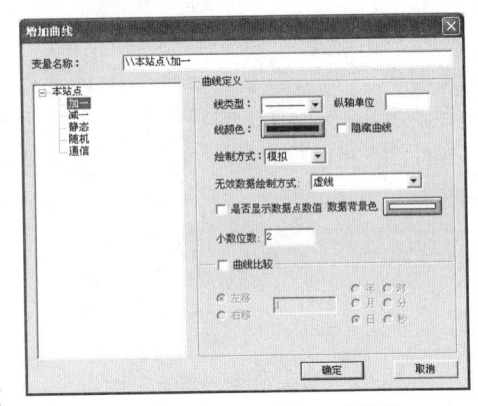

图 6-18 "增加曲线"对话框

（3）修改运行时的历史趋势曲线属性。

在完成历史趋势曲线属性定义之后，进入组态王运行系统，运行系统时的历史趋势曲线如图 6-19 所示。

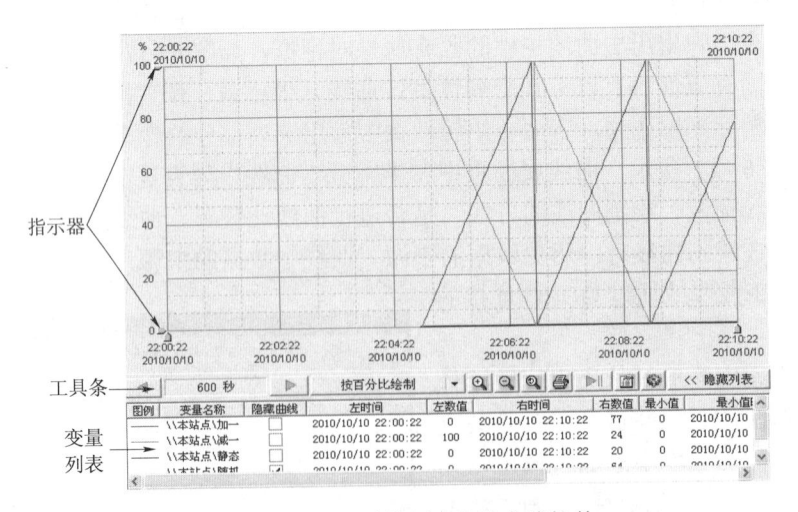

图 6-19 运行时的历史趋势曲线控件

数值轴指示器的使用：拖动数值轴（Y 轴）指示器，可以放大或缩小曲线在 Y 轴方向的长度，一般情况下，该指示器标记为当前图表中变量量程的百分比。

时间轴指示器的使用：时间轴指示器所获得的时间字符串显示在时间指示器

的顶部，如图 6-19 所示。时间轴指示器可以配合函数等获得曲线某个时间点上的数据。

工具条的使用：曲线图表的工具条是用来查看变量曲线详细情况的。工具条的具体作用可以通过将鼠标放到按钮上时弹出的提示文本看到。

提示

◆ 在历史趋势曲线控件运行系统中也可以通过在变量列表上右击完成添加、修改历史库变量对应的曲线。

6.2.5 知识进阶

1. 个性化历史趋势曲线

前面已经介绍了通用的历史趋势曲线和控件形式的历史趋势曲线，在此基础之上，亚控公司为广大设计人员提供了一种自由度更大的历史趋势曲线的制作方法——个性化的历史趋势曲线。设计人员可以根据实际需要和个人喜好来设计个性化的历史趋势曲线。

（1）创建历史趋势曲线。

在组态王画面开发系统中，选择菜单"工具\历史趋势曲线"，或单击工具箱中的"历史趋势曲线"按钮，鼠标在画面中变为"+"字形。在画面中用鼠标画出一个矩形，历史趋势曲线就在这个矩形中绘出，如图 6-20 所示。

历史趋势曲线对象的中间有一个带有网格的绘图区域，表示曲线将在这个区域中绘出，网格下方和左方分别是 X 轴（时间轴）和 Y 轴（数值轴）的坐标标注。可以通过选中历史趋势曲线对象（周围出现 8 个小矩形）来移动位置或改变大

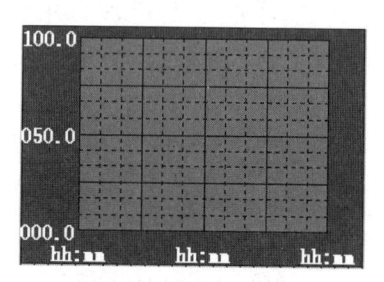

图 6-20 历史趋势曲线

小。通过调色板工具或相应的菜单命令可以改变趋势曲线的笔属性和填充属性，笔属性是趋势曲线边框的颜色和线型，填充属性是边框和内部网格之间的背景颜色和填充模式。操作人员有时见不到坐标的标注数字是因为背景颜色和字体颜色正好相同，这时需要修改字体或背景颜色。

（2）设置历史趋势曲线对话框。

在组态王画面开发系统中创建历史趋势曲线画面后，在趋势曲线画面对象上双击鼠标左键，弹出"历史趋势曲线"设置对话框。历史趋势曲线对话框由"曲线定义"和"标识定义"两个属性页组成，如图 6-21 所示。

"曲线定义"和"标识定义"两个属性页中各项含义和实时趋势曲线设置相同，此处不再赘述。

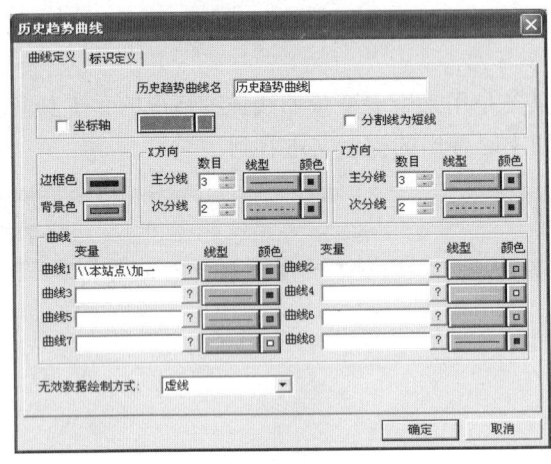

图 6-21 设置曲线定义属性选项卡

（3）为历史趋势曲线建立运行时的操作按钮。

由于画面运行时不自动更新历史趋势曲线画面，所以需要为历史趋势曲线建立操作按钮，通过命令语言或使用函数改变历史趋势曲线变量的域，可以完成查看、打印、换笔等功能。

以下是历史趋势曲线变量常用的域：

ChartLength：历史趋势曲线的时间长度，长整型，可读可写，单位为秒。

ChartStart：历史趋势曲线的起始时间，长整型，可读可写，单位为秒。

ValueStart：历史趋势曲线的纵轴起始值，模拟型，可读可写。

ValueSize：历史趋势曲线的纵轴量程，模拟型，可读可写。

常用的按钮主要是定心与移动时间按钮和缩放按钮。此外，建立输出动画连接查看数据也经常使用。以下是历史趋势曲线应用的几个命令语言实例。

① 单边卷动按钮：其用途是单独改变趋势曲线左端或右端的时间值，命令语言连接程序如下：

```
//时间轴左端向左卷动
history.ChartStart=history.ChartStart-3600;
history.ChartLength=history.ChartLength+3600;
```

其中，"history"为历史趋势曲线名，本例是将时间轴左端左移 1 小时，而右端保持不变。

```
//时间轴左端向右卷动
history.ChartStart=history.ChartStart+3600;
history.ChartLength=history.ChartLength-3600;
```

本例是将时间轴左端右移 1 小时，而右端保持不变。

```
//时间轴右端向左卷动
history.ChartLength=history.ChartLength-3600;
```

本例是将时间轴右端左移 1 小时，而左端保持不变。

```
//时间轴右端向右卷动
history.ChartLength=history.ChartLength+3600;
```

本例是将时间轴右端右移 1 小时，而左端保持不变。

② 时间轴平动按钮：其作用是将历史趋势曲线的左端和右端同时左移或右移。

```
//时间轴向左平移
```

```
history.ChartStart=history.ChartStart-3600;
```
本例是按照工程人员要求将时间轴左、右两端同时左移 1 小时。
```
//时间轴向右平移
history.ChartStart=history.ChartStart+3600;
```
本例是按工程人员要求将时间轴左、右两端同时右移 1 小时。

> **提示**
>
> ◆ 在使用个性化历史趋势曲线时，在开发系统画面中的历史趋势曲线旁边，用户可以先创建一个按钮，然后双击按钮建立命令语言连接，输入命令语言语句，即可为历史趋势曲线建立运行时的操作按钮。其它命令也可以用同样的方式来实现控制。

6.2.6　问题讨论

（1）在工程中建立含有历史趋势曲线的画面，并进行相应的设置。
（2）总结三种历史趋势曲线的特点，熟悉它们的使用方法，比较各自优缺点。

项目七　报表系统

项目任务单

项目任务	1. 了解数据报表的基本知识； 2. 掌握数据报表的创建和组态方法； 3. 掌握制作实时数据报表的方法及过程，以及实时数据报表的打印、存储、查询等； 4. 掌握制作历史数据报表方法及过程，以及历史数据报表的查询功能； 5. 熟悉常用的报表函数的使用方法。
工艺要求及参数	1. 准确掌握组态王软件制作实时数据报表的过程； 2. 准确掌握组态王软件制作历史数据报表的过程； 3. 能够利用报表函数正确的实现历史数据报表的查询功能。
项目需求	1. PDF 格式文档阅读器； 2. 使用 Windows 操作系统和一般应用软件的基本技能； 3. 具备组态王命令语言的基本编程能力； 4. 具备使用 Microsoft Excel 办公软件的基本能力。
提交成果	1. 在组态王工程中制作一个实时数据报表，在运行系统中显示，并能实现报表的打印、存储、查询等功能； 2. 在组态王工程中制作一个历史数据报表，并在运行系统中查询、显示； 3. 利用组态王报表函数实现历史数据报表的查询，并且保存查询的数据。

任务一　数据报表的创建及组态

7.1.1　任务目标

了解组态王报表系统的基本知识，掌握组态王数据报表的创建及组态过程。

7.1.2　任务分析

数据报表是反应生产过程中的数据、运行状态等，并对数据进行记录、统计的一种重要工具，是生产过程必不可少的一个重要环节。它既能反映系统实时的生产情况，也能对长期的生产过程进行统计、分析，使管理人员能够实时掌握和分析生产情况。所以必须掌握数据报表的创建和详细的组态过程。

7.1.3 相关知识

组态王提供内嵌式报表系统，工程人员可以任意设置报表格式，对报表进行组态。组态王为工程人员提供了丰富的报表函数，实现各种运算、数据转换、统计分析、报表打印等。既可以制作实时报表，也可以制作历史报表。组态王还支持运行状态下单元格的输入操作，在运行状态下通过鼠标拖动改变行高、列宽。另外，工程人员还可以制作各种报表模板，实现多次使用，以免重复工作。

7.1.4 任务实施

1. 创建报表窗口

进入组态王开发系统，创建一个新的画面，在组态王工具箱按钮中单击"报表窗口"按钮，如图7-1所示。此时，鼠标箭头变为小"＋"字形，在画面上需要加入报表的位置按下鼠标左键并拖动，画出一个矩形，松开鼠标键，报表窗口创建成功，如图7-2所示。鼠标箭头移动到报表区域周边，当鼠标形状变为双"＋"字型箭头时，按下左键，可以拖动表格窗口，改变其在画面上的位置。将鼠标移到报表窗口边缘带箭头的小矩形上，这时鼠标箭头形状变为与小矩形内箭头方向相同，按下鼠标左键并拖动，可以改变报表窗口的大小。当在画面中选中报表窗口时，会自动弹出报表工具箱，不选择时，报表工具箱自动消失。

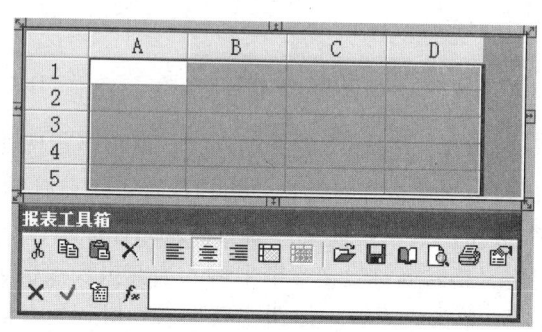

图7-1 工具箱"报表窗口"按钮 　　图7-2 创建后的报表窗口

2. 配置报表窗口的名称及格式套用

组态王中每个报表窗口都要定义一个唯一的标识名，该标识名的定义应该符合组态王的命名规则，标识名字符串的最大长度为31个字符。

双击报表窗口的灰色部分（表格单元格区域外没有单元格的部分），弹出"报表设计"对话框，如图7-3所示。该对话框主要用来设置报表的名称、报表表格的行列数目以及选择套用表格的样式。

"报表设计"对话框中各项的含义如下：

报表控件名：在"报表控件名"文本框中输入报表的名称或采用默认名称，如输入"实时数据报表"。

表格尺寸：在"行数"、"列数"文本框中输入所要制作的报表的大致行列数（在报表组态期间均可以修改）。默认为 5 行 5 列，行数最大值为 20 000 行；列数最大值为 52 列。行用数字"1，2，3，…"表示，列用英文字母"A，B，C，D，…"表示。单元格的名称定义为"列标+行号"，如"a1"，表示第一行第一列的单元格。列标使用时不区分大小写，如"A1"和"a1"都可以表示第一行第一列的单元格。

表格样式：用户可以直接使用已经定义的报表模板，而不必再重新定义相同的表格格式。单击"表格样式"按钮，弹出"报表自动调用格式"对话框，如图 7-4 所示。如果用户已经定义过报表格式的话，则可以在左侧的列表框中直接选择报表格式，而在右侧的表格中可以预览当前选中报表的格式。套用后的格式用户可按照自己的需要进行修改。在这里，用户可以对报表的套用格式列表进行添加或删除。

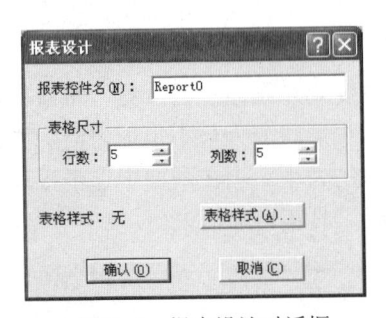

图 7-3 报表设计对话框

图 7-4 报表自动套用格式对话框

报表格式\添加报表套用格式：单击"请选择模板文件"文本框后的"…"按钮，弹出文件选择对话框，用户选择一个自制的报表模板（*.rtl 文件），单击"打开"按钮，报表模板文件的名称及路径显示在"请选择模板文件"文本框中。在"自定义格式名称"文本框中输入当前报表模板被定义为表格格式的名称，如"格式 1"。单击"添加"按钮将其加入到格式列表框中，供用户调用。

报表格式\删除报表套用格式：从列表框中选择某个报表格式，单击"删除"按钮，即可删除不需要的报表格式。删除套用格式不会删除报表模板文件。

报表格式\预览报表套用格式：在格式列表框中选择一个格式项，则其格式显示在右边的表格框中。

定义完成后，单击"确认"完成操作，单击"取消"按钮取消当前的操作。"套用报表格式"可以将常用的报表模板格式集中在这里，供随时调用，而不必在使用时再去一个个地查找模板。

套用报表格式的作用类似于报表工具箱中的"打开"报表模板功能。二者都可以在报表组态期间进行调用。

> **提示**
>
> ◆ 报表名称不能与组态王的任何名称、函数、变量名、关键字相同。

3. 认识报表工具箱与快捷菜单

报表创建完成后，呈现出的是一张空表或有套用格式的报表，还要对其进行加工——报表组态。报表的组态包括设置报表格式、编辑表格中显示内容等。进行这些操作需通过"报表工具箱"中的工具或单击鼠标右键弹出的快捷菜单来实现。

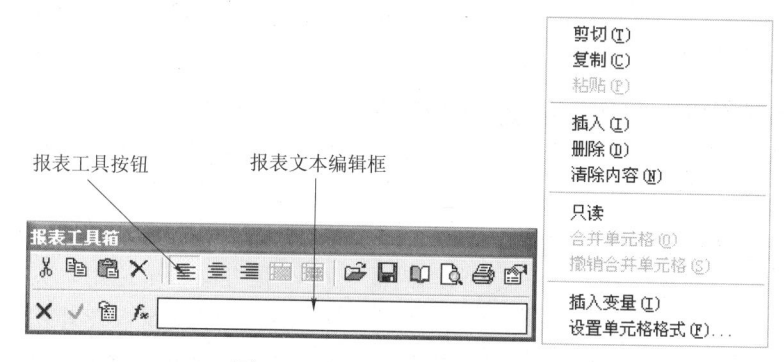

图7-5 报表工具箱和快捷菜单

"报表工具箱"中的按钮及快捷菜单的含义如下：

剪切：剪切选中的一个或多个单元格中的内容，不包括单元格格式。剪切后，源单元格中的内容会被清除。

复制：复制选中的一个或多个单元格中的内容，不包括单元格格式。

粘贴：将复制或剪切的单元格内容依次粘贴到当前单元格向右向下方向的单元格中。

删除：删除选中的一个或多个单元格中的内容，单元格格式不变。

单元格显示内容的对齐方式：靠左、居中、靠右。

合并单元格：选中两个以上的单元格时合并单元格，将所选择的单元格围成的矩形区域内的所有单元格合并为一个单元格，合并后的单元格的内容及格式为所选择区域的左上角单元格的内容及格式。

撤销合并单元格：将选中的一个合并过的单元格撤销合并，分解为基本单元格，撤销合并后的各个单元格的内容及格式与合并单元格的内容及格式相同。

打开一个报表模板到当前报表窗口中：单击该按钮后，弹出文件选择对话框，如图7-6所示，选择一个报表模板文件（*.rtl），单击"打开"按钮，报表模板将加载到当前的报表中。

113

将当前设计的报表存储为一个报表模板：单击该按钮，弹出文件存储对话框，如图7-7所示，选择存储路径，并输入要存储的报表模板的文件名，单击"保存"按钮，模板文件存储为"*.rtl"格式的文件。

图7-6 打开一个报表模板

图7-7 保存报表为一个报表模板

报表页面设置：单击该按钮，弹出"页面设置"对话框，如图7-8所示。用户可以设置默认打印机、纸张大小、纸张来源、纸张方向、页边距、页眉、页脚等。这里是报表在开发系统中的页面设置，在组态王运行系统中，可以通过函数实现页面设置。

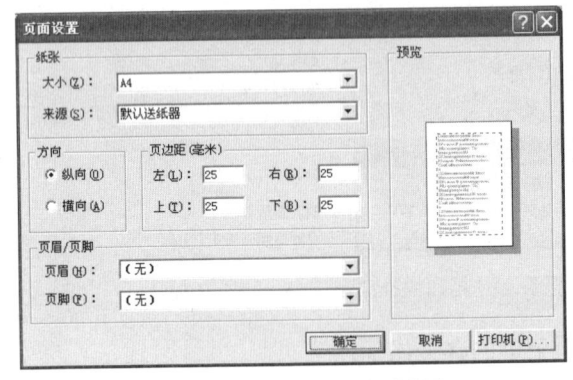

图7-8 对报表进行页面设置

报表打印预览：在开发系统中对设计好的报表进行打印预览，查看打印后的效果，进行打印预览时，系统会自动隐藏组态王的开发系统和运行系统。在打印预览中，也可以进行页面设置。执行打印预览时，有打印预览工具条，如图7-9所示。

图7-9 打印预览工具条

打印：弹出"打印属性"对话框，选择打印选项。

下一页、上一页：如果报表比较大，超过了两页，选择翻页预览。

两页/一页：当前以两页或一页来预览。两者切换进行。

放大/缩小：放大/缩小预览页面。

设置：对报表进行页面设置。

关闭：关闭报表打印预览。

打印报表：单击该按钮，弹出"打印"对话框，如图7-10，打印当前设计的报表（这里是开发环境下的打印，运行环境下使用报表打印函数ReportPrint2）。

📝 **设置选中的单元格格式**：包括单元格的数字型、日期型、字体、对齐方式、边框样式、图案等。详细设置方法和 Excel 相同。

✗ **取消**：取消上次对报表单元格的输入操作。

✓ **输入**：将报表工具箱中文本编辑框的内容输入到当前单元格中，当把要输入到某个单元格中的内容写到报表工具箱中的编辑框时，必须单击该按钮才能将文本输入到当前单元格中。当用户选中一个已经有内容的单元格时，单元格的内容会自动出现在报表工具箱的编辑框中。

图 7-10 报表打印对话框

📝 **插入组态王变量**：单击该按钮，弹出组态王变量选择对话框。例如，要在报表单元格中显示"$时间"变量的值，首先在报表工具箱的编辑栏中输入"="号，然后选择该按钮，在弹出的变量选择器中选择该变量，单击"确定"关闭变量选择对话框，这时报表工具箱编辑栏中的内容为"=$时间"，单击工具箱上的"输入"按钮，则该表达式被输入到当前单元格中，运行时，该单元格显示的值能够随变量的变化随时自动刷新。

插入报表函数：单击该按钮弹出报表内部函数选择对话框。如图 7-11 所示。

另外，选中某一单元格，单击鼠标右键，弹出快捷菜单。可以进行"插入行""插入列"，以及设置单元格的"只读"属性等操作。

设置单元格只读属性：在报表中的某单元格或是用鼠标拖动选中多个单元格后，单击鼠标右键，在快捷菜单中选"只读"，则所选单元格在运行系统中不可编辑。

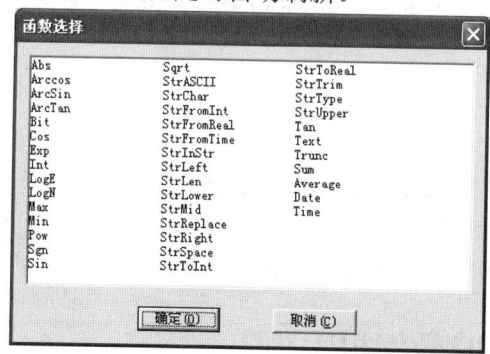

图 7-11 报表内部函数选择对话框

▶ **提示**

◆ 在单元格中输入组态王变量、引用函数或公式时必须在其前加"="。
◆ 报表工具箱和快捷菜单的命令只适用于报表中。
◆ 用户在系统运行过程中在修改含有表达式的单元格的内容后，会在当前运行画面清除原表达式。只有重新关闭、打开画面后才能恢复该表达式。
◆ 用户在开发环境中进行报表组态时，如果单元格设为"只读"属性，那么

115

在系统运行时，不允许用户修改单元格的内容。

4. 报表的其他编辑方法

① 鼠标左键单击某个单元格后拖动则为选择多个单元格。区域的左上角为当前单元格。

② 鼠标左键单击固定行或固定列（报表中标识行号列标的灰色单元格）为选择整行或整列。单击报表左上角的灰色固定单元格为全选报表单元格。

③ 单击报表左上角的固定单元格为选择整个报表。

④ 允许在获得焦点的单元格直接输入文本。单击或双击单元格使输入光标位于该单元格内，输入字符。按下回车键或单击其他单元格为确认输入，ESC 键取消本次输入。

⑤ 允许通过鼠标拖动改变行高、列宽。将鼠标移动到固定行或固定列之间的分割线上，鼠标形状变为双向黑色尖头时，按下鼠标左键，拖动，修改行高、列宽。

⑥ 单元格文本的第一个字符若为"="，则其他的字符为组态王的表达式，该表达式允许由已定义的组态王的变量、函数、报表单元格名称等组成；否则为字符串。

提示

◆ 对于组态王的系统变量$时间和$日期在单元格显示时不能改变其显示形式。

7.1.5 问题讨论

（1）在用户工程中建立一个数据报表，对报表进行相应组态。改变报表组态，在组态王运行系统中观察报表的变化情况。

（2）试比较组态王中数据报表与微软 Excel 表格使用的异同点。

任务二 实时数据报表

7.2.1 任务目标

掌握组态王实时数据报表的创建、打印、存储、查询等。

7.2.2 任务分析

数据报表在工控系统中是必不可少的一部分，是数据显示、存储、查询、分析、统计、打印的最终体现，是整个工控系统的最终结果输出。数据报表是对生产过程中系统监控对象的状态的综合记录。

7.2.3 相关知识

实时数据报表主要是来显示系统实时数据。除了在表格中实时显示变量的值外，报表还可以按照单元格中设置的函数、公式等实时刷新单元格中的数据。在单元格中显示变量的实时数据一般有两种方法：单元格中直接引用变量和使用单元格设置函数。另外，通过按钮命令语言还可以实现实时数据报表的自动打印、手动打印、页面设置、打印预览设置、存储、查询等。

7.2.4 任务实施

1. 创建实时数据报表

实时数据报表的创建过程如下：

（1）新建一画面，名称为"实时数据报表画面"。

（2）选择工具箱中的"文本"工具，在画面上输入文字：实时数据报表。

（3）选择工具箱中的"报表窗口"工具，在画面上绘制一实时数据报表窗口，如图7-12所示。"报表工具箱"会自动显示出来，双击窗口的灰色部分，弹出"报表设计"对话框，如图7-13所示。

图7-12 实时数据报表窗口　　图7-13 报表设计对话框

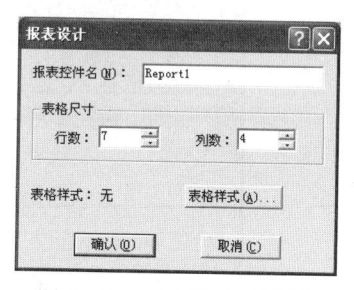

（4）在表格中输入静态文字、插入动态变量，如图7-14所示。

	A	B	C	D
1	实时数据报表			
2	日期	=\\本站点\$日期	时间	=\\本站点\$时间
3	变量	变量的值		
4	原料罐一液位	=\\本站点\原料罐一液位		
5	原料罐二液位	=\\本站点\原料罐二液位		
6	反应罐液位	=\\本站点\反应罐液位		
7			值班员	=\\本站点\$用户名

图7-14 报表样式及单元格内容

(5) 单击"文件"菜单中的"全部存"命令，保存所做的设置。

(6) 单击"文件"菜单中的"切换到 VIEW"命令，进入运行系统。系统默认运行的画面可能不是用户刚刚编辑完成的"实时数据报表画面"，此时可以通过运行界面中"画面"菜单中的"打开"命令将其打开后方可运行，如图 7–15 所示。

实时数据报表

日期	2010-12-20	时间	10:30:12 上午
变量	变量的值		
原料罐一液位	750.00		
原料罐二液位	820.00		
反应罐液位	430.00		
		值班员	无

图 7–15　运行系统下的实时数据报表

> **提示**
>
> ◆ 如果变量名前没有添加"="符号的话此变量被当作静态文字来处理。

2. 实时数据报表的打印

（1）实时数据报表自动打印。

① 在"实时数据报表画面"中添加一按钮，按钮文本为"实时数据报表自动打印"。

② 在按钮的弹起事件中输入命令语言，如图 7–16 所示。

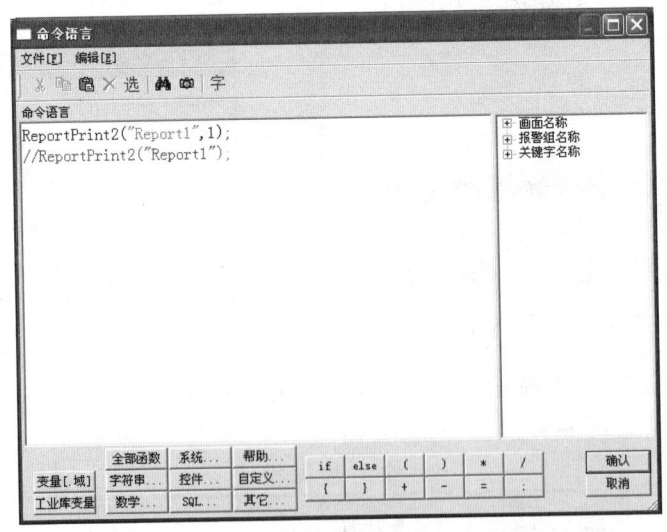

```
ReportPrint2("Report1",1);
//ReportPrint2("Report1");
```

图 7–16　"实时数据报表自动打印"按钮命令语言

③ 单击"确认"按钮，关闭命令语言编辑框。当系统处于运行状态时，单击此按钮数据报表将被打印出来。

(2) 实时数据报表手动打印。

① 在"实时数据报表画面"中添加一按钮，按钮文本为"实时数据报表手动打印"。

② 在按钮的弹起事件中输入命令语言，如图7-17所示。

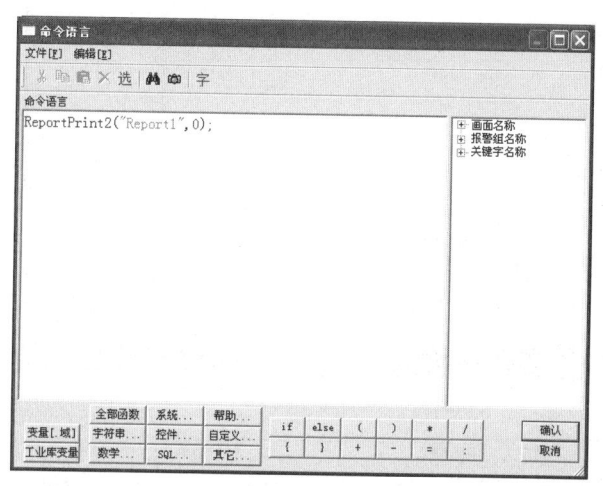

图7-17 "实时数据报表手动打印"按钮命令语言

③ 单击"确认"按钮，关闭命令语言编辑框。当系统处于运行状态时，单击此按钮，弹出"打印属性"对话框，如图7-18所示。

④ 在"打印属性"对话框中做相应设置后，单击"确定"按钮，数据报表将被打印出来。

(3) 实时数据报表页面设置。

① 在"实时数据报表画面"中添加一按钮，按钮文本为"实时数据报表页面设置"。

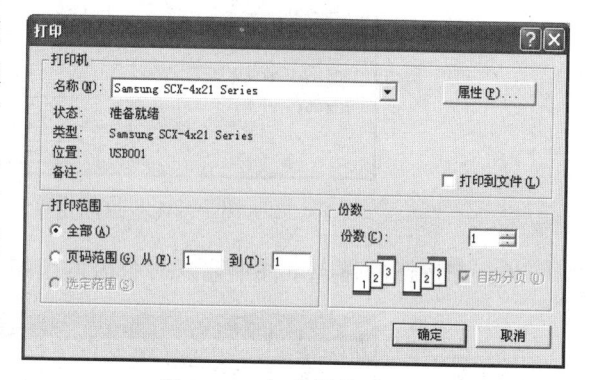

图7-18 打印属性对话框

② 在按钮的弹起事件中输入命令语言，如图7-19所示。

③ 单击"确认"按钮，关闭命令语言编辑框。当系统处于运行状态时，单击此按钮，弹出"页面设置"对话框，如图7-20所示。

④ 在"页面设置"对话框中对报表的页面属性做相应设置后，单击"确定"按钮，完成报表的页面设置。

(4) 实时数据报表打印预览设置。

① 在"实时数据报表画面"中添加一按钮，按钮文本为"实时数据报表打印预览"。

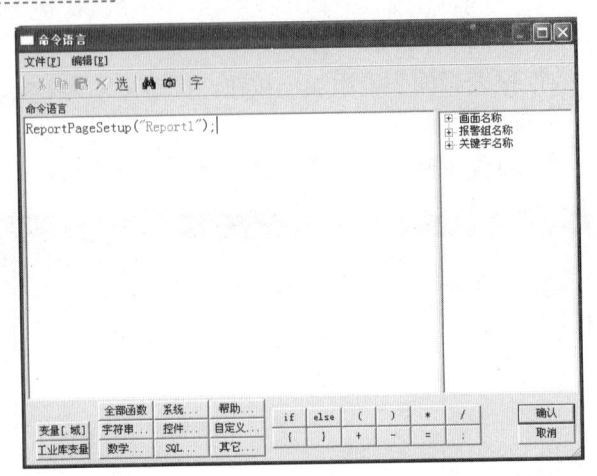

图 7-19 "实时数据报表页面设置"按钮命令语言

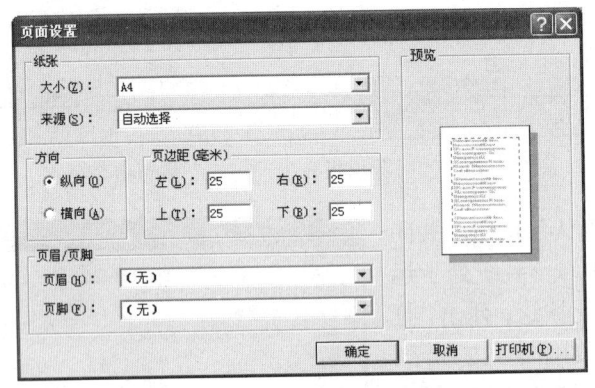

图 7-20 "页面设置"对话框

② 在按钮的弹起事件中输入命令语言,如图 7-21 所示。

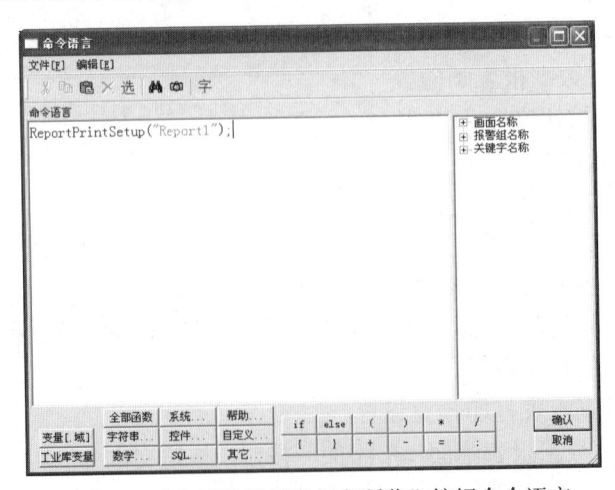

图 7-21 "实时数据报表打印预览"按钮命令语言

③ 单击"确认"按钮，关闭命令语言编辑框。当系统处于运行状态时，页面设置完毕后，单击此按钮，系统会自动隐藏组态王的开发系统和运行系统窗口，并进入打印预览窗口，如图7-22所示。

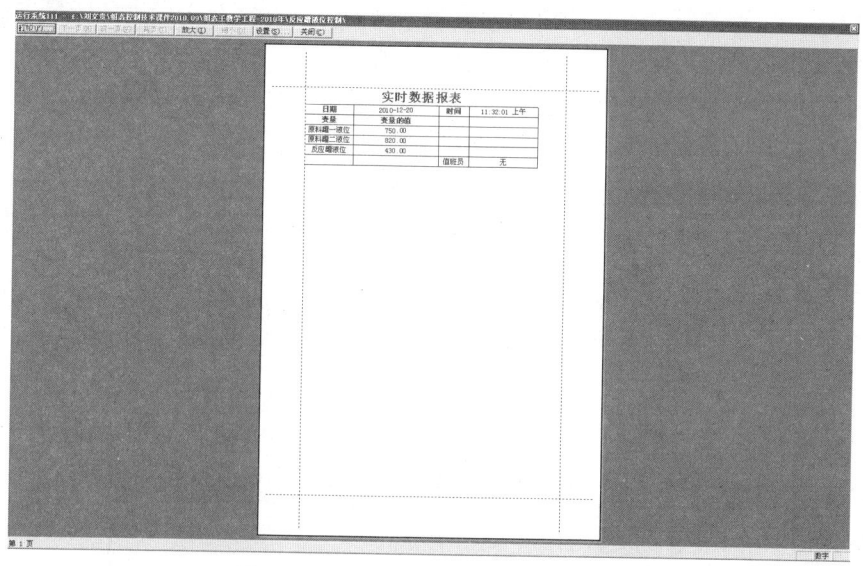

图7-22 实时数据报表打印预览窗口

④ 在打印预览窗口中使用打印预览查看打印后的效果，单击"关闭"按钮结束预览，系统自动恢复组态王的开发系统和运行系统窗口。

3. 实时数据报表的存储

实现以当前时间作为文件名，将实时数据报表保存到指定文件夹下的操作过程如下：

（1）在当前工程路径下建立一文件夹：实时数据文件夹。

（2）在"实时数据报表画面"中添加一按钮，按钮文本为"保存实时数据报表"。

（3）在按钮的弹起事件中输入命令语言，如图7-23所示。

（4）单击"确认"按钮，关闭命令语言编辑框。当系统处于运行状态时，单击此按钮数据报表将以当前时间作为文件名保存实时数据报表。

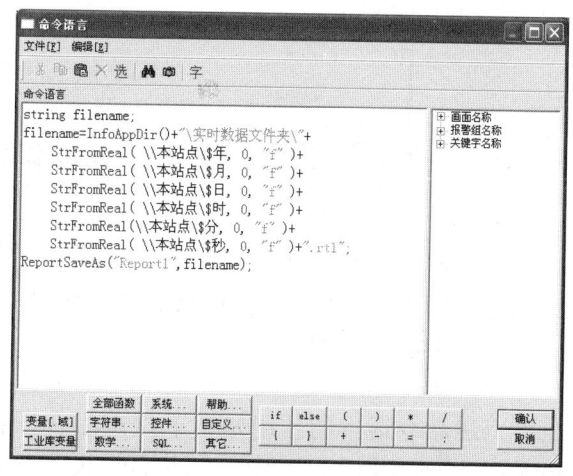

图7-23 "保存实时数据报表"按钮命令语言

4. 实时数据报表的查询

要想在组态王中查询已经以当前时间作为文件名保存到文件夹中实时数据报表，可以利用组态王提供的下拉式组合框与一报表窗口控件来实现。

（1）在工程浏览器窗口的数据词典中定义一个内存字符串变量（变量名：报表查询变量，变量类型：内存字符串，初始值：空）。

（2）新建一画面，名称为"实时数据报表查询画面"。

（3）选择工具箱中的"文本"工具，在画面上输入文字"实时数据报表查询"。

（4）选择工具箱中的"报表窗口"工具，在画面上绘制一实时数据报表窗口，控件名称为"Report2"。

（5）选择工具箱中的"插入控件"工具，在画面上插入一下拉式组合框控件，控件属性设置如图7-24所示。

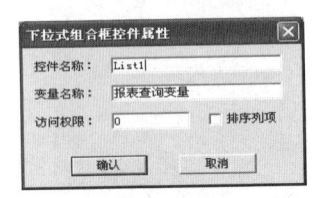

图7-24 下拉式组合框控件属性

（6）在画面命令语言中编辑框中输入命令语言，如图7-25所示。

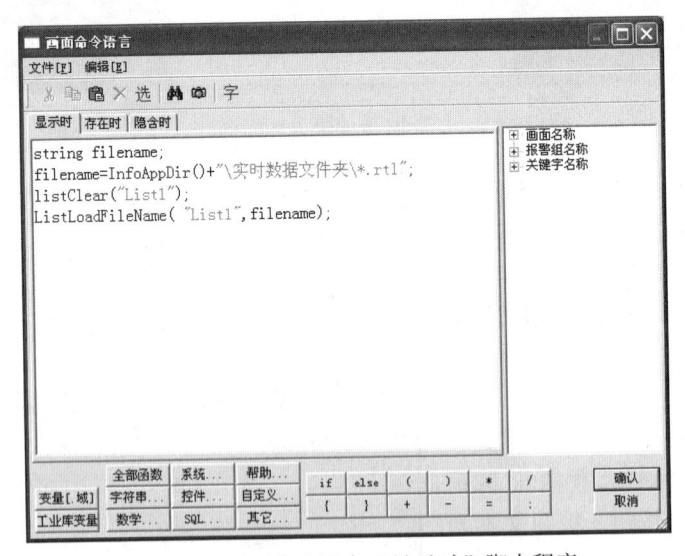

图7-25 画面命令语言"显示时"脚本程序

上述命令语言的作用是将已经保存到"当前组态王工程路径下实时数据文件夹"中的实时报表文件名称在下拉式组合框中显示出来。

（7）在画面中添加一按钮，按钮文本为"实时数据报表查询"。

（8）在按钮的弹起事件中输入命令语言，如图7-26所示。

上述命令语言的作用是将下拉式组合框中选中的报表文件的数据显示在Report2报表窗口中，其中，"\\本站点\报表查询变量"保存了下拉式组合框中选中的报表文件名。

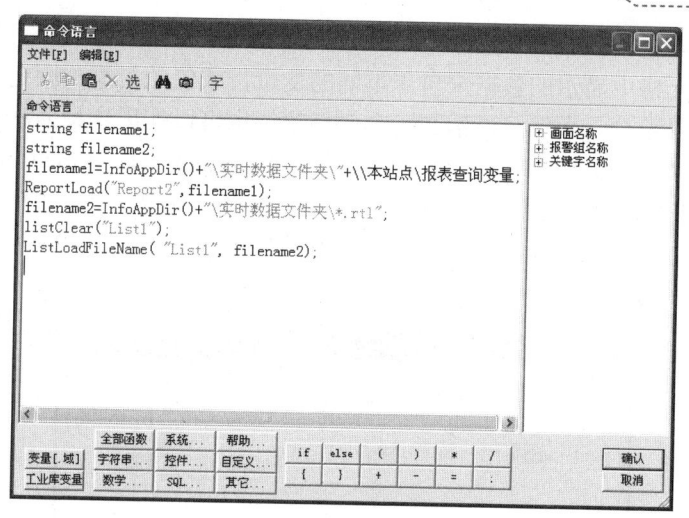

图 7-26 "实时数据报表查询"按钮命令语言

（9）设置完毕后单击"文件"菜单中的"全部存"命令，保存所作的设置。

（10）单击"文件"菜单中的"切换到 VIEW"命令，运行此画面。当用户单击下拉式组合框控件时，保存在指定路径下的报表文件全部显示出来，选择任一报表文件名，单击"实时数据报表查询"按钮后，此报表文件中的数据会在报表窗口中显示出来，从而达到了实时数据报表查询的目的。

7.2.5 知识进阶

在单元格中显示变量的实时数据一般有以下两种方法。

1. 单元格中直接引用变量

在报表的单元格中直接输入"=变量名"，即可在运行时在该单元格中显示该变量的数值，当变量的数据发生变化时，单元格中显示的数值也会被实时刷新，如图 7-27 所示。例如，在单元格"B4"中要实时显示当前登录的"用户名"，在"B4"单元格中直接输入"=\\本站点\$用户名"，切换到运行系统后，该单元格中便会实时显示登录用户的名称，如"系统维护员 A"登录，则会显示"系统维护员 A"。这种方式适用于表格的单元格中显示固定变量的数据。

图 7-27 直接引用变量

➡ 提示

◆ 只有当报表画面被打开时其中的数据才会被刷新。

2. 使用单元格设置函数

如果单元格中显示的数据来自于不同的变量，或值的类型不固定时，最好使用单元格设置函数。当然，显示同一个变量的值也可以使用这种方法。单元格设置函数有：ReportSetCellValue()、ReportSetCellString()、ReportSetCellValue2()、ReportSetCellString2()。例如，要在"B4"单元格中设置用户名，也可以在数据改变命令语言中使用 ReportSetCellString()函数设置数据，如图 7-28 所示。这样当系统运行时，用户登录后，用户名就会被自动填充指定单元格中。

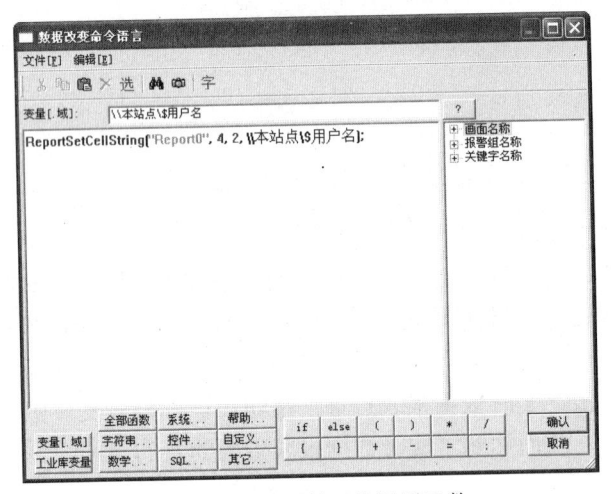

图 7-28 使用单元格设置函数

7.2.6 问题讨论

（1）在用户工程中建立已定义变量的实时数据报表。
（2）实现对实时数据报表的打印、存储、查询等功能。

任务三 历史数据报表

7.3.1 任务目标

掌握历史数据报表查询功能。

7.3.2 任务分析

历史数据报表在工控系统中是必不可少的一部分，通过对历史数据的记录、查询、分析、统计等，分析总结生产过程中系统监控对象的状态和规律。

7.3.3 相关知识

历史数据报表是从历史数据库中提取数据记录，以一定的格式显示历史数据。历史报表记录了以往的生产记录数据，对用户来说是非常重要的。历史报表的制作根据所需数据的不同有不同的制作方法。常用的方法有两种：使用历史数据查询函数、向报表单元格中实时添加数据。

7.3.4 任务实施

1. 创建历史数据报表

历史数据报表的创建过程如下：

（1）新建一画面，名称为"历史数据报表画面"。

（2）选择工具箱中的"文本"工具，在画面上输入文字"历史数据报表"。

（3）选择工具箱中的"报表窗口"工具，在画面上绘制一历史数据报表窗口，控件名称为"Report3"，并设计表格，如图7-29所示。

图7-29 历史数据报表窗口表格

2. 历史数据报表查询

利用组态王提供的 ReportSetHistData2 函数可从组态王记录的历史库中按指定的起始时间和时间间隔查询指定变量的数据，具体过程如下：

（1）在画面中添加一按钮，按钮文本为"历史数据报表查询"。

（2）在按钮的弹起事件中输入命令语言，如图7-30所示。

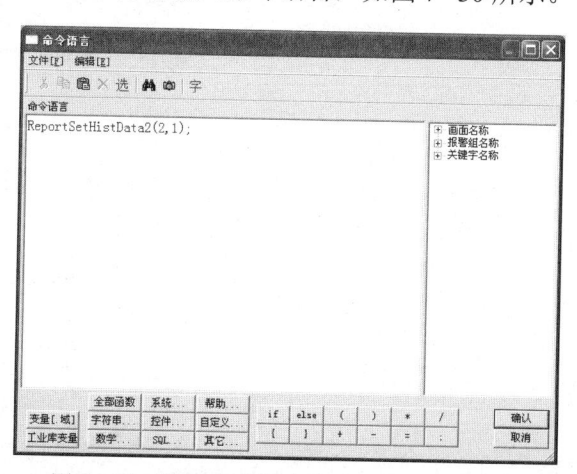

图7-30 "历史数据报表查询"按钮命令语言

（1）设置完毕后单击"文件"菜单中的"全部存"命令，保存所作的设置。

（2）单击"文件"菜单中的"切换到 VIEW"命令，运行此画面。单击"历史数据报表查询"按钮，弹出报表历史查询对话框，如图 7-31 所示。

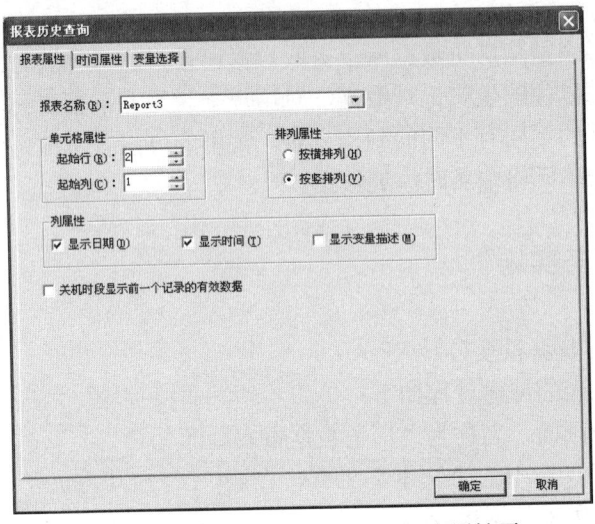

图 7-31　报表历史查询对话框报表属性页

报表历史查询对话框分三个属性页：报表属性、时间属性、变量选择。

报表属性页：在报表属性页中您可以设置报表查询的显示格式，此属性页设置如图 7-31 所示。

时间属性页：在时间属性页中您可以设置查询的起止时间以及查询的时间间隔，如图 7-32 所示。

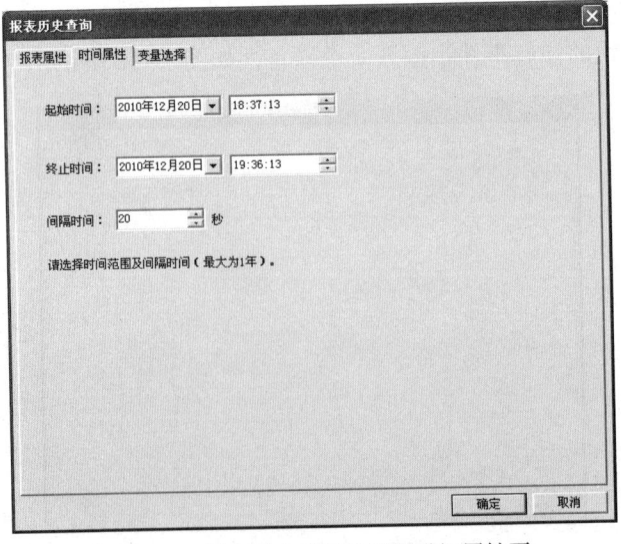

图 7-32　报表历史查询对话框时间属性页

变量选择页：单击"历史库变量"按钮，弹出"变量属性"对话框，选择想要显示的历史数据变量，如图 7-33 所示。

（3）设置完毕后单击"确定"按钮，原料油液位变量的历史数据即可显示在历史数据报表控件中，从而达到了历史数据查询的目的，如图 7-34 所示。

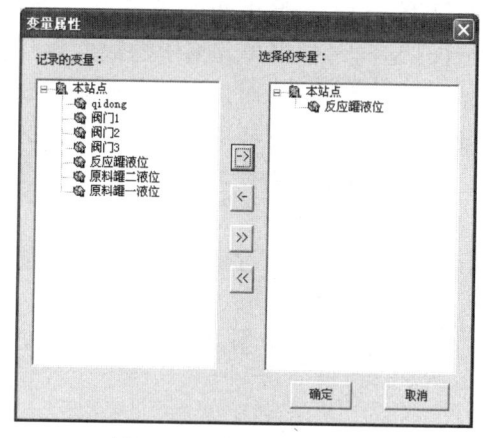

图 7-33　变量属性对话框

图 7-34　历史数据报表

7.3.5　知识进阶

1. 其他历史数据查询函数的应用

如果用户在查询历史数据时，希望弹出一个对话框，可以在对话框上随机选择不同的变量和时间段来查询数据，可使用函数 ReportSetHistData2（StartRow, StartCol）。该函数已经提供了方便、全面的对话框供用户操作。但该函数会将指定时间段内查询到的所有数据都填充到报表中来，如果报表不够大，则系统会自动增加报表行数或列数，对于使用固定格式报表的用户来说不太方便。那么可以用下面一种方法进行查询。

如果用户想要一个定时自动查询历史数据的报表，而不是弹出对话框，或者历史报表的格式是固定的，要求将查询到的数据添到固定的表格中，多余查询的数据不需要添到表中，这时可以使用函数 ReportSetHistData, ReportSetHistData3 或 ReportSetHistDataEx。使用这些函数时，用户需要指定查询的起始时间，查询间隔和变量数据的填充范围。

组态王报表拥有丰富而灵活的报表函数，用户可以使用报表函数制作一些数据存储、求和、运算、转换等特殊用法。如将采集到的数据存储在报表的单元格中，然后将报表数据赋给曲线控件来制作一段分析曲线等，既可以节省变量，简化操作，还可重复使用。总之，报表函数的用法还很多，有待用户按照自己的实际用途灵活使用。

2. 向报表单元格中实时添加数据

例如要设计一个锅炉功耗记录表,该报表为 8 小时生成一个(类似于班报表),要记录每小时最后一刻的数据作为历史数据,而且该报表在查看时应该实时刷新。

对于这个报表就可以采用向单元格中定时刷新数据的方法实现。按照报表设计规定的时间,在不同的小时里,将变量的值定时用单元格设置函数如 ReportSetCellValue()设置到不同的单元格中,这时,报表单元格中的数据会自动刷新,而带函数的单元格也会自动计算结果,当到换班时,保存当前添有数据的报表为报表文件,清除上班填充的数据,继续填充,这样就完成了要求。这样就好比是操作员每小时在记录表上记录一次现场数据,当换班时,由下一班在新的记录表上开始记录一样。

可以另外创建一个报表窗口,在运行时,调用这些保存的报表,查看以前的记录,实现历史数据报表的查询。

这种制作报表的方式既可以作为实时报表观察实时数据,也可以作为历史报表保存。用户可以参照组态王演示工程中的实时报表。

3. 锁定报表行列的功能

(1) 锁定报表的行列。

在组态王运行系统的报表中,选择要锁定行列交叉处的单元格,如图 7-35 所示。同时按下 Ctrl+L 键,可以锁定选定单元格上侧的所有行和左侧的所有列,如图 7-36 所示。被锁定区域边界以蓝色线条为界线。

图 7-35 未被锁定行列的报表　　图 7-36 被锁定行列的报表

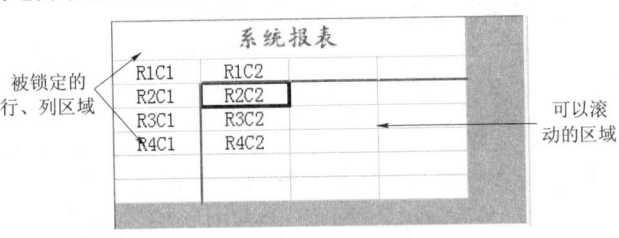

锁定的行和列不随滚动条滚动。例如,锁定报表中的第一行和第一列,当报表的滚动条向右移动时,报表第一列不动;当报表的滚动条向下滚时,报表的第一行不动。

只锁定行,可以选择最左侧的单元格执行锁定。

只锁定列,可以选择最上边的单元格执行锁定。

锁定行列中的单元格不能被编辑。如果需要对锁定的单元格进行编辑,必须先对锁定部分进行解锁操作。

(2) 解除锁定。

当报表的某些行和列被锁定后,在表格中单击任意单元格,同时按下 Ctrl+U 键,可以解除锁定。

> **提示**

◆ 无论锁定行列，还是解除锁定，在按下快捷键前，要用鼠标点击报表的单元格，使焦点位于报表上，否则可能出现操作无效的情况。

7.3.6 问题讨论

（1）在用户工程中建立已定义变量的历史数据报表，并且实现查询历史数据报表的功能。

（2）尝试实现数据报表的锁定与解锁功能。

任务四 报 表 函 数

7.4.1 任务目标

了解组态王中报表函数的基本知识，熟悉常用报表函数的使用方法。

7.4.2 任务分析

报表在运行系统单元格中数据的计算、报表的操作等都是通过组态王提供的一整套报表函数实现的。组态王提供了丰富的报表函数，实现各种运算、数据转换、统计分析、报表打印等功能。报表函数分为内部函数、单元格操作函数、存取函数、统计函数、历史数据查询函数、打印函数等。

7.4.3 相关知识

1. 报表内部函数

报表内部函数是指只能在报表单元格内使用的函数，有数学函数、字符串函数、统计函数等。报表内部函数基本上都来自于组态王的系统函数，使用方法相同，只是函数中的参数发生了变化，减少了用户的学习量，方便学习和使用。

2. 报表单元格操作函数

单元格操作函数是指可以通过命令语言来对报表单元格的内容进行操作，或从单元格获取数据的函数。这些函数大多只能用在命令语言中。

3. 报表存取函数

报表存取函数主要用于存储指定报表和打开查阅已存储的报表。用户可利用这些函数保存和查阅历史数据、存档报表。

4. 报表统计函数

报表统计函数主要用于对报表单元格的求和及计算平均值。

5. 报表历史数据查询函数

报表历史数据查询函数将按照用户给定的起止时间和查询间隔，从组态王历史库或工业库中查询数据，并填写到指定报表上。

6. 报表打印类函数

报表打印类函数主要是为了实现对报表的页面设置、预览、打印等功能。

7.4.4 任务实施

1. 报表内部函数

组态王报表函数中的参数和有关用报表单元格作为参数的函数，其中的参数引用均为以下这种方法。当参数为多个单元格时：

（1）如果是任选多个单元格，则使用方法为用逗号将各个单元格的表示分隔，如："a1,b3,c6,h10"。

（2）如果选择的为连续的单元格时，可以输入第一个单元格标识和最后一个单元格标识，中间用冒号分割。如选择了 a1 到 c10 间的单元格区域："a1:c10"。

（3）报表内部函数中的单元格参数可以使用组态王变量代替，即报表支持的组态王系统函数可以直接在报表中使用。

（4）合并单元格中的数值不论对齐方式如何，在进行函数运算时，合并单元格中的数值都将放在左上角被运算。

例如，如图 7-37 所示单元格。其中：B3 和 C3 为合并单元格,\\本站点\a0=1;\\本站点\a1=1。

组态王运行时，求和的结果为：

```
Sum('b2:b3')=2
Sum('c2:c3')=1
```

图 7-37 合并单元格求和

➡ 提示

◆ 在单元格中使用报表函数时，必须在函数前加"="号，否则按照字符串处理。

◆ 函数中将单元格作为参数时，单元格参数须用单引号括起来。

◆ 除特殊标明的外，报表内部函数（用单元格作参数）只能用于报表的单元格中，不能用于命令语言中。

报表内部函数包括以下内容：

- Abs
- ArcCos
- ArcSin
- ArcTan
- Bit
- LogN
- Max
- Min
- Pow
- Sgn
- Sin
- Sqrt
- StrAscII
- StrChar
- StrFromInt
- StrFromReal
- StrFromTime
- StrInStr
- StrLeft
- StrLen
- Cos
- Date
- Exp
- Int
- LogE
- StrLower
- StrMid
- StrReplace
- StrRight
- StrSpace
- StrToInt
- StrToReal
- StrTrim
- StrType
- StrUpper
- Tan
- Text
- Time
- Trunc

2. 报表的单元格操作函数

运行系统中，报表单元格是不允许直接输入的，所以要使用函数来操作。单元格操作函数大多只能用在命令语言中。

报表单元格操作函数包括以下内容：

- ReportSetCellValue
- ReportSetCellString
- ReportSetCellValue2
- ReportSetCellString2
- ReportGetCellValue
- ReportGetCellString
- ReportGetRows
- ReportGetColumns
- ReportSetRows
- ReportSetColumns

3. 报表存取函数

报表存取函数包括以下内容：

- ReportSaveAs
- ReportLoad

4. 报表统计函数

报表统计函数包括以下内容：

- Average
- Sum

5. 报表历史数据查询函数

报表历史数据查询函数包括以下内容：
- ReportSetHistData
- ReportSetTime
- ReportSetHistData2
- ReportSetHistData3
- ReportSetHistDataEx

6. 报表打印类函数

报表打印类函数包括以下内容：
- ReportPrint2
- ReportPageSetup
- ReportPrintSetup

各种报表函数的具体功能和使用方法详见《组态王命令语言函数手册》。

7.4.5 问题讨论

（1）分析并总结报表函数的种类与用法。

（2）参考《组态王命令语言函数手册》熟悉各类报表函数的使用方法，并在自己建立的组态王工程中加以应用。

项目八　报警和事件

项目任务单

项目任务	1. 熟悉变量报警的相关概念，熟悉报警组、变量报警属性以及报警缓冲区的定义，掌握报警窗口的创建与配置； 2. 熟悉变量的报警属性、记录和报警显示； 3. 了解事件类型，掌握事件类型的使用方法； 4. 熟悉将报警和事件信息输出到报警窗口以及输出到文件、数据库和打印机中的方法。
工艺要求及参数	1. 准确理解变量报警的类型； 2. 能够正确定义报警组、变量报警属性； 3. 能够正确创建实时和历史报警窗口，并进行正确配置； 4. 正确理解事件的类型，并能对报警事件进行正确的显示输出。
项目需求	1. PDF 格式文档阅读器； 2. 组态王工程浏览器的应用； 3. 具有数据库的基本知识； 4. 能够正确配置打印机。
提交成果	1. 建立一个组态王工程，并且对变量进行报警定义和报警属性配置，创建实时和历史报警窗，分析报警和事件输出结果； 2. 将报警事件记录到文件和到数据库中，并将事件输出到打印机。

任务一　变量的报警

8.1.1　任务目标

熟悉报警的基本概念，熟悉报警组、变量报警属性以及报警缓冲区的定义，掌握报警窗口的创建与配置。

8.1.2　任务分析

为保证工业现场安全生产，报警的产生和记录是必不可少的。通过对报警组、变量报警属性和报警缓冲区的定义，以及报警窗口的创建与配置，掌握实时报警和历史报警的应用。通过这些报警，用户可以方便地记录和查看系统的报警、操作和各个工作站的运行情况。当报警发生时，在报警窗口会按照设置的过滤条件实时地显示出来。

8.1.3 相关知识

1. 报警的定义

报警是指当系统中某些变量的值超过了所规定的界限时，系统自动产生相应的警告信息，提醒操作人员。如炼油厂的油品储罐，往罐中输油时，如果没有规定油位的上限，系统就产生不了报警，无法有效提醒操作人员，则有可能会造成"冒罐"，形成危险。有了报警，就可以提示操作人员注意。报警允许操作人员应答。

2. 报警的处理方法

当报警发生时，组态王把这些信息存于内存中的缓冲区中，报警在缓冲区中是以先进先出的队列形式存储，所以只有最近的报警在内存中。当缓冲区达到指定数目或记录定时时间到时，系统自动将报警信息写进记录。报警的记录可以是文本文件、开放式数据库或打印机。另外，用户可以从人机界面提供的报警窗口中查看报警信息。

3. 报警组

在监控系统中，为了方便查看、记录和区别，要将变量产生的报警信息归到不同的组中，即使变量的报警信息属于某个规定的报警组。

报警组是按树状组织的结构，缺省时只有一个根节点，缺省名为 RootNode（可以改成其他名字）。可以通过报警组定义对话框为这个结构加入多个节点和子节点。这类似于树状的目录结构，每个子节点报警组下所属的变量，属于该报警组的同时，属于其上一级父节点报警组。如在上述缺省 RootNode 报警组下添加一个报警组 A，则属于报警组 A 的变量同时属于 RootNode 报警组。报警组结构原理图如图 8-1 所示。

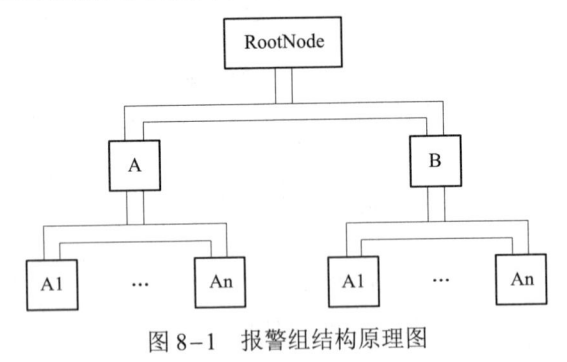

图 8-1 报警组结构原理图

> **提示**
>
> ◆ 组态王中最多可以定义 512 个节点的报警组。

通过报警组名可以按组处理变量的报警事件，如报警窗口可以按组显示报警事件，记录报警事件也可按组进行，还可以按组对报警事件进行报警确认。

定义报警组后，组态王会按照定义报警组的先后顺序为每一个报警组设定一个 ID 号，在引用变量的报警组域时，系统显示的都是报警组的 ID 号，而不是报警组名称（组态王提供获取报警组名称的函数 GetGroupName）。每个报警组的 ID 号是固定的，当删除某个报警组后，其他的报警组 ID 都不会发生变化，新增加的报警组也不会再占用这个 ID 号。

4. 变量的报警属性

（1）通用报警属性功能介绍。

在组态王工程浏览器"数据库\数据词典"中新建一个变量或选择一个原有变量双击它，在弹出的"定义变量"对话框上选择"报警定义"属性页，如图 8-2 所示。

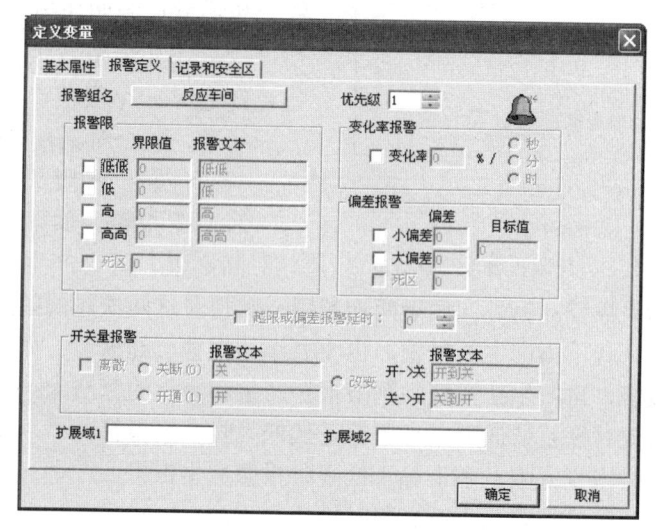

图 8-2 通用报警属性

报警定义属性页中各项的含义如下：

报警组名：单击"报警组名"标签后的按钮，会弹出"选择报警组"对话框，在该对话框中将列出所有已定义的报警组，选择其一，确认后，则该变量的报警信息就属于当前选中的报警组。如图 8-2 中选择"反应车间"，则当前定义的变量就属于反应车间报警组，这样在报警记录和查看时直接选择要记录或查看的报警组为"反应车间"，则可以看到所有属于"反应车间"的报警信息。

优先级：是指报警的级别，主要有利于操作人员区别报警的紧急程度。报警优先级的范围为 1～999，1 为最高，999 为最低。在图 8-2 中的优先级编辑框中输入当前变量的报警优先级。

模拟量报警定义区域：包括报警限、变化率报警和偏差报警区域。如果当前的变量为模拟量，则这些选项是有效的。

开关量报警定义区域：如果当前的变量为离散量，则这些选项是有效的。

报警的扩展域定义：报警的扩展域共有两个，主要是对报警的补充说明、解释。在报警产生时的报警窗中可以看到。

（2）模拟量变量的报警类型。

模拟量主要是指整型变量和实型变量，包括内存型和 I/O 型。模拟型变量的报警类型主要有三种：越限报警、偏差报警和变化率报警。对于越限报警和偏差报警可以定义报警延时和报警死区。

① 越限报警。模拟量的值在跨越规定的高低报警限时产生的报警。越限报警的报警限共有 4 个：低低限、低限、高限、高高限。其原理图如图 8-3 所示。

在变量值发生变化时，如果跨越某一个限值，立即发生越限报警，某个时刻，对于一个变量，只可能越一种限，因此只产生一种越限报警。如果变量的值超过高高限，就会产生高高限报警，

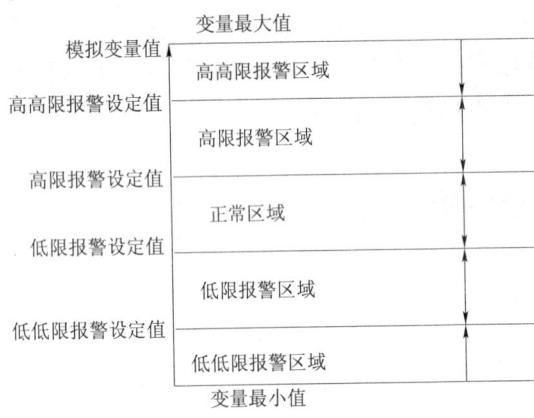

图 8-3 越限报警原理图

而不会产生高限报警。另外，如果两次越限，就得看这两次越的限是否是同一种类型，如果是，就不再产生新报警，也不表示该报警已经恢复；如果不是，则先恢复原来的报警，再产生新报警。越限报警产生和恢复的算法为：

大于低低限时恢复低低限，小于等于低低限时产生报警。

大于低限时恢复低限，小于等于低限时报警产生报警。

大于等于高限时报警，小于高限时恢复高限。

大于等于高高限时报警，小于高高限时恢复高高限。

越限类型的报警可以定义其中一种、任意几种或全部类型。在图 8-2 中可以看到每一种越限类型有"界限值"和"报警文本"两列。界限值列中选择要定义的越限类型，则后面的界限值和报警文本编辑框变为有效。在界限值中输入该类型报警越限值，定义界限值时应该：最小值<=低低限值<低限<高限<高高限<=最大值。在报警文本中输入关于该类型报警的说明文字，报警文本不超过 15 个字符。

② 偏差报警。模拟量的值相对目标值上下波动超过指定的变化范围时产生的报警。偏差报警可以分为小偏差和大偏差报警两种。当波动的数值超出大小偏差范围时，分别产生大偏差报警和小偏差报警，其原理图如图 8-4 所示。偏差报警限的计算方法为：

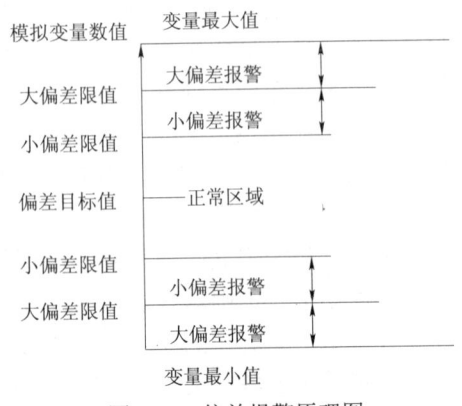

图 8-4 偏差报警原理图

小偏差报警限=偏差目标值±定义的小偏差。
大偏差报警限=偏差目标值±定义的大偏差。
大于等于小偏差报警限时，产生小偏差报警。
大于等于大偏差报警限时，产生大偏差报警。
小于等于小偏差报警限时，产生小偏差报警。
小于等于大偏差报警限时，产生大偏差报警。

偏差报警在使用时可以按照需要定义一种偏差报警或两种都使用。

变量变化的过程中，如果跨越某个界限值，则立刻会产生报警，而同一时刻，不会产生两种类型的偏差报警。

③ 变化率报警。模拟量的值在一段时间内产生的变化速度超过了指定的数值而产生的报警，即变量变化太快时产生的报警。系统运行过程中，每当变量发生一次变化，系统都会自动计算变量变化的速度，以确定是否产生报警。变化率报警的类型以时间为单位分为三种，即 $x\%$/秒、$x\%$/分、$x\%$/时，如图 8-2 所示。变化率报警的计算公式如下：

((变量的当前值－变量上一次变化的值)×100) / (变量本次变化的时间－变量上一次变化的时间)×(变量的最大值－变量的最小值)×(报警类型单位对应的值))

其中报警类型单位对应的值定义为：如果报警类型为秒，则该值为 1；如果报警类型为分，则该值为 60；如果报警类型为时，则该值为 3 600。

取计算结果的整数部分的绝对值作为结果，若计算结果大于等于报警极限值，则立即产生报警。变化率小于报警极限值时，报警恢复。

（3）离散型变量的报警类型。

离散量有两种状态：1 和 0。离散型变量的报警有三种状态：

① 1 状态报警：变量的值由 0 变为 1 时产生报警。

② 0 状态报警：变量的值由 1 变为 0 时产生报警。

③ 状态变化报警：变量的值有 0 变为 1 或由 1 变为 0 时都产生报警。

如图 8-2 所示，在"开关量报警"组内选择"离散"选项，三种类型的选项变为有效。定义时，三种报警类型只能选择一种。选择完成后，在报警文本中可以输入不多于 15 个字符的类型说明。

8.1.4 任务实施

1. 定义报警组

在组态王工程浏览器的目录树中选择"数据库\报警组"，如图 8-5 所示。

双击右侧目录内容显示区的"请双击这儿进入<报警组>对话框…"图标。弹出报警组定义对话框，如图 8-6 所示。

图 8-5 报警组定义

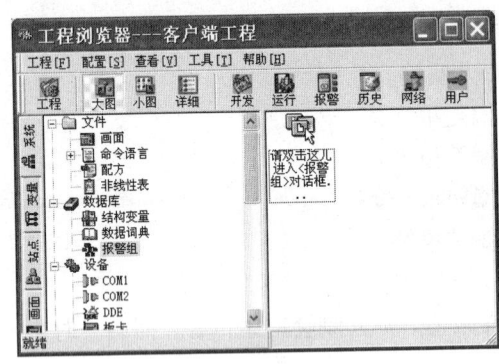

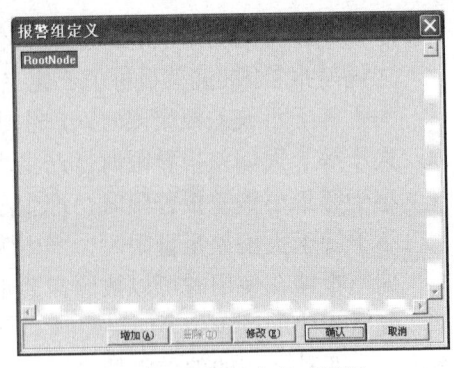

图 8-6 报警组定义对话框

对话框中各按钮的作用如下：

（1）增加：在当前选择的报警组节点下增加一个报警组节点。如选中图 8-6 中的"RootNode"报警组，单击"增加"按钮，弹出"增加报警组"对话框，如图 8-7 所示。在报警组名中输入"反应车间"，确定后，在"RootNode"报警组下，会出现一个"反应车间"报警组节点，如图 8-8 所示。

图 8-7 增加报警组对话框

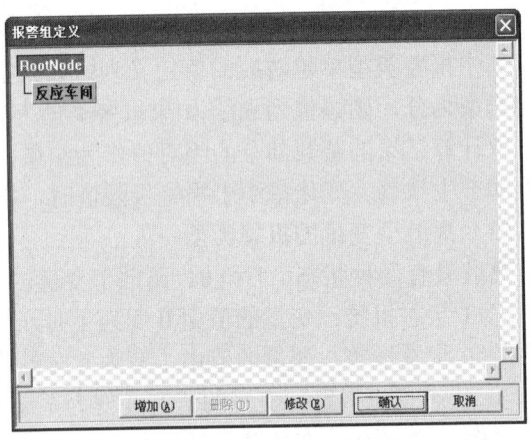

图 8-8 增加报警组示例

（2）修改：修改当前选中的报警组的名称。选中图 8-9 中的"RootNode"报警组，单击"修改"按钮，弹出如图 8-9 所示的"修改报警组"对话框。

对话框的编辑框中自动显示原报警组的名称，将编辑框中的内容修改为"化工厂"，然后确定。则原"RootNode"报警组名称变为了"化工厂"，如图 8-10 所示。

（3）删除：删除当前选择的报警组。在对话框中选择一个不再需要的报警组，单击"删除"按钮，弹出删除确认对话框，确认后删除当前选择的报警组。如果一个报警组下还包含子报警组，则删除时系统会提示该报警组有子节点，如果确认删除时，该报警组下的子报警组节点也会被删除。

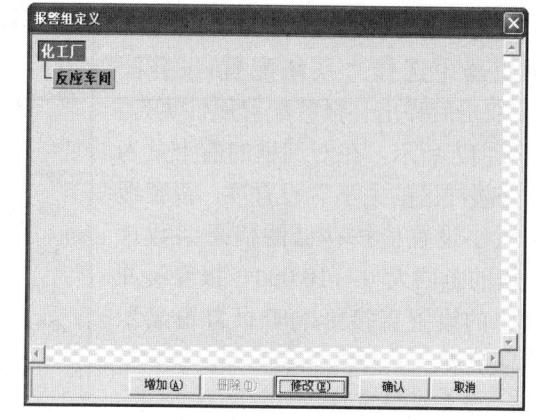

图 8-9 修改报警组

图 8-10 增加和修改后的报警组

（4）确认：保存当前修改内容，关闭对话框。
（5）取消：不保存修改，关闭对话框。

提示

◆ 对于根报警组（RootNode），只可以修改其名称但不可删除。

2. 定义变量的报警属性

在使用报警功能前，必须先要对变量的报警属性进行定义。组态王的变量中模拟型（包括整型和实型）变量和离散型变量可以定义报警属性。

在组态王工程浏览器"数据库\数据词典"中选择一个整型或实型变量，如"反应罐液位"，双击此变量，在弹出的"定义变量"对话框上选择"报警定义"属性页，如图 8-11 所示。对报警限值作相应设置，设置完毕后单击"确定"按钮，当系统进入运行状态时，"反应罐液位"的高度低于 500 或高于 1 500 时系统将产生报警，报警信息将显示在"反应车间"报警组中。

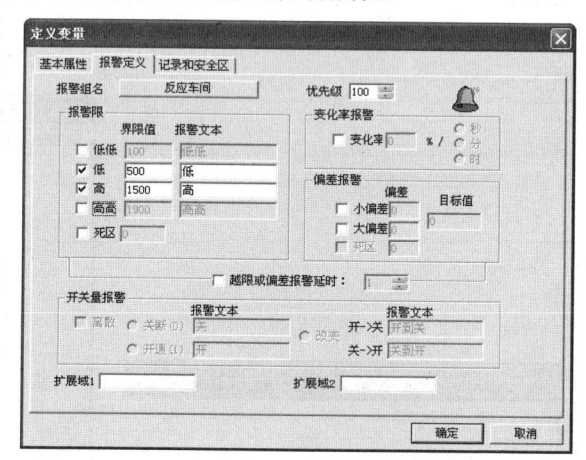

图 8-11 定义变量的报警属性

当然也可以定义模拟型（包括整型和实型）变量的变化率报警和偏差报警。如果在数据词典中选择一个开关量，也可以对其报警属性进行设置。

3. 定义报警缓冲区大小

报警缓冲区是系统在内存中开辟的用户暂时存放系统产生的报警信息的空

间，其大小是可以设置的。在组态王工程浏览器中选择"系统配置\报警配置"，双击后弹出"报警配置属性页"，如图 8-12 所示，在对话框的右上角为"报警缓冲区的大小"设置项，报警缓冲区大小设置值按存储的信息条数计算，值的范围为 1～10 000。报警缓冲区大小的设置直接影响着报警窗显示的信息条数。

4. 建立报警窗口

报警窗口是用来显示"组态王"系统中发生的报警和事件信息，报警窗口分为实时报警窗口和历史报警窗口。实时报警窗口主要显示当前系统中发生的实时报警信息和报警确认信息，一旦报警恢复后将从窗口中消失。历史报警窗口中显示系统发生的所有报警和事件信息，主要用于对报警和事件信息进行查询。

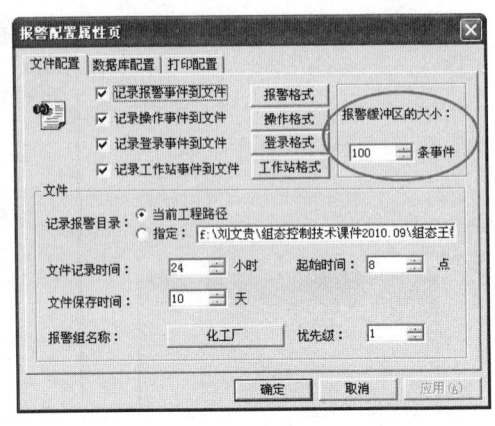

图 8-12 报警缓冲区大小设置

报警窗口建立过程如下：

（1）新建一画面，名称为"报警和事件画面"，类型为：覆盖式。

（2）选择工具箱中的"文本"工具，在画面上输入文字"报警和事件"。

（3）选择工具箱中的"报警窗口"工具，在画面中绘制一报警窗口，如图 8-13 所示。

（4）双击"报警窗口"对象，弹出"报警窗口配置属性页"对话框，如图 8-14 所示。

图 8-13 报警窗口

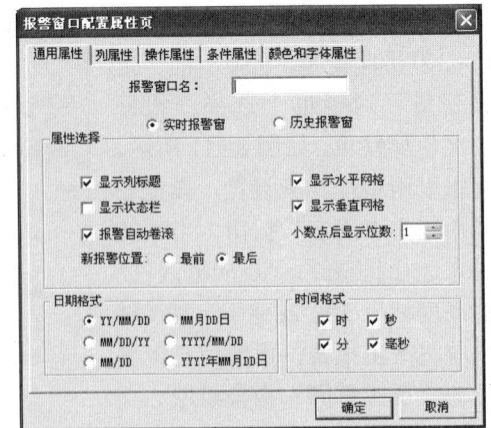

图 8-14 "报警窗口配置属性页"对话框

报警窗口配置属性页包含 5 个属性页：通用属性、列属性、操作属性、条件属性、颜色和字体属性。

通用属性页：在此属性页中可以设置报警窗口的名称、报警窗口的类型（实时报警窗口或历史报警窗口）、报警窗口显示属性以及日期和时间显示格式等。

列属性页：报警窗口中的"列属性"对话框如图 8-15 所示。在此属性页中可以设置报警窗中显示的内容，包括：报警日期时间显示与否、报警变量名称显示与否、报警限值显示与否、报警类型显示与否等。

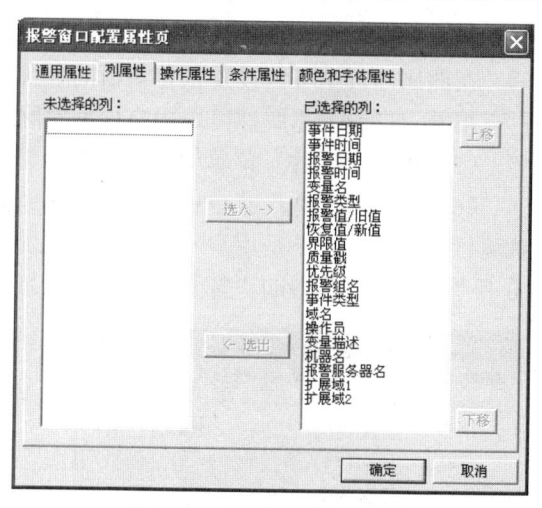

图 8-15 "列属性"对话框

操作属性页：报警窗口中的"操作属性"对话框如图 8-16 所示。在此属性页中可以对操作者的操作权限进行设置。单击"安全区"按钮，在弹出的"选择安全区"对话框中选择报警窗口所在的安全区，只有登录用户的安全区包含报警窗口的操作安全区时，才可执行如下设置的操作，如双击左键操作、工具条的操作和报警确认的操作。

条件属性页：报警窗口中的"条件属性"对话框如图 8-17 所示。在此属性页中用户可以设置哪些类型的报警或事件发生时才在此报警窗口中显示，并设置其优先级和报警组。例如，设置优先级为"999"，报警组为"反应车间"，这样设置完后，满足如下条件的报警点信息会显示在此报警窗口中：

① 在变量报警属性中设置的优先级高于 999；
② 在变量报警属性中设置的报警组名为"反应车间"。

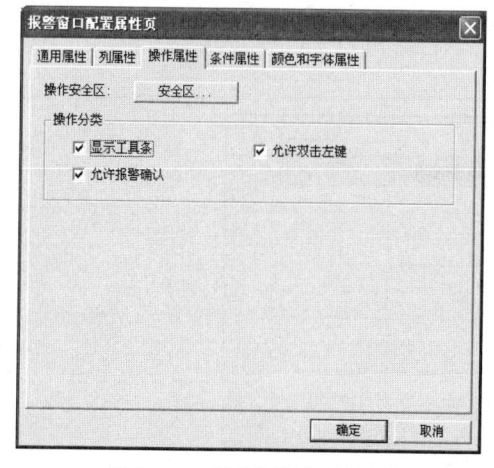

图 8-16 操作属性页对话框

图 8-17 "条件属性"对话框

颜色和字体属性页：报警窗口中的"颜色和字体属性"对话框如图 8-18 所示。在此属性页中可以设置报警窗口的各种颜色以及信息的显示颜色。

报警窗口的上述属性可由用户根据实际情况进行设置。

（5）单击"文件"菜单中的"全部存"命令，保存所作的设置。

（6）单击"文件"菜单中的"切换到 VIEW"命令，进入运行系统。系统默认运行的画面可能不是用户刚刚编辑完成的"报警和事件画面"，可以通过运行界面中"画面"菜单中的"打开"命令将其打开后运行，如图 8-19 所示。

图 8-18　颜色和字体属性页对话框

图 8-19　运行中的报警窗口

提示

◆ 报警窗口的名称必须填写，否则运行时将无法显示报警窗口。

5. 运行系统中报警窗的操作

如果报警窗配置中选择了"显示工具条"和"显示状态栏"，则运行时的标准报警窗显示如图 8-20 所示。

图 8-20　运行系统标准报警窗

标准报警窗共分为三个部分：工具条、报警和事件信息显示部分、状态栏。工具箱中按钮的作用为：

☑ 确认报警：在报警窗中选择未确认过的报警信息条，该按钮变为有效，单击该按钮，确认当前选择的报警。

☒ 报警窗暂停/恢复滚动：每单击一次该按钮，暂停/恢复滚动状态发生一次变化。假如在报警窗中不断滚动显示报警时，可以单击该按钮暂停滚动，仔细查看某条报警，然后再单击该按钮，继续滚动，报警窗的暂停滚动并不影响报警的产生等，恢复滚动后，在暂停期间没有显示出来的报警会全部显示出来。暂停和恢复滚动在状态栏第三栏有相应显示。

🗟 更改报警类型：更改当前报警窗显示的报警类型的过滤条件。单击该按钮时，弹出一个报警类型对话框，对话框中的列表框中列出了所有报警类型供选择，选择完成后，单击对话框上的确定按钮关闭对话框，则报警窗口只显示符合当前选择的报警类型的报警信息。

🗟 更改事件类型：更改当前报警窗显示的事件类型的过滤条件。单击该按钮时，弹出一个事件类型对话框，对话框中的列表框中列出了所有事件类型供选择，选择完成后，单击对话框上的确定按钮关闭对话框，则报警窗口只显示符合当前选择的事件类型的事件信息。

🗟 更改优先级：更改当前报警窗显示的优先级过滤条件。单击该按钮时，弹出一个优先级编辑对话框，编辑优先级后，单击对话框上的确定按钮关闭对话框，则报警窗口只显示符合当前选择的优先级的报警和事件信息。

🗟 更改报警组：更改当前报警窗显示的报警组过滤条件。单击该按钮时，弹出一个报警组选择对话框，选择完报警组后，单击对话框上的确定按钮关闭对话框，则报警窗口只显示符合当前选择的报警组及其子报警组的报警和事件信息。

🗟 更改报警信息源：更改当前报警窗显示的报警信息源过滤条件。单击该按钮时，弹出一个报警信息源选择对话框，对话框中的列表框中列出了可供选择的报警信息源，选择完后，单击对话框上的确定按钮关闭对话框，则报警窗只显示符合当前选择的报警信息源的报警和事件信息。

[　　　] 更改报警服务器名：更改当前报警窗显示的报警服务器过滤条件。单击列表框右侧的下拉箭头，从中选择报警服务器，选择完后，报警窗只显示符合当前选择的报警服务器的报警和事件信息。

状态栏共分为三栏：第一栏显示当前报警窗中显示的报警条数；第二栏显示新报警出现的位置；第三栏显示报警窗的滚动状态。

运行系统中的报警窗可以按需要不配置工具条和状态栏。

▶ 提示

◆ 只有登录用户的权限符合操作权限时才可操作此工具箱。

143

6. 报警窗口自动弹出

使用系统提供的"$新报警"变量,可以实现当系统产生报警信息时将报警窗口自动弹出。操作步骤如下:

(1) 在工程浏览窗口中的"工程目录显示区"中选择"命令语言"中的"事件命令语言"选项,在右侧"目录内容显示区"中双击"新建"图标,弹出"事件命令语言"编辑框,设置如图 8-21 所示。

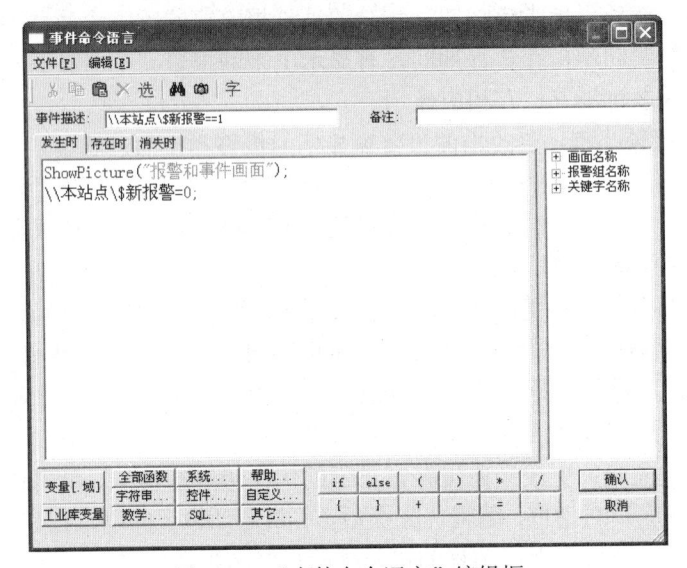

图 8-21 "事件命令语言"编辑框

(2) 单击"确认"按钮关闭编辑框。当系统有新报警产生时即可弹出报警窗口。

8.1.5 问题讨论

(1) 完善练习工程,对报警组、变量、报警缓冲区进行相关的配置。
(2) 在组态王工程运行系统中,显示实时报警窗和历史报警窗。

任务二 事件类型及使用方法

8.2.1 任务目标

了解事件类型,掌握事件类型的使用方法。熟悉报警和事件信息如何输出到报警窗口、文件、数据库和打印机中。

8.2.2 任务分析

事件主要包括操作事件、用户登录事件、工作站事件和应用程序事件。通过这些事件，用户可以方便地记录和查看系统的状况、操作和各个工作站的运行情况。当事件发生时，在事件报警窗口会按照设置的过滤条件实时地显示出来。事件的记录也可以输出到文本文件、开放式数据库、打印机。

8.2.3 相关知识

1. 事件的定义

事件是指用户对系统的行为、动作。如修改了某个变量的值，用户的登录、注销，站点的启动、退出等。事件不需要操作人员应答。

2. 组态王中事件的处理方法

当事件发生时，组态王把这些信息存于内存的缓冲区中，事件在缓冲区中是以先进先出的队列形式存储，所以只有最近的事件在内存中。当缓冲区达到指定数目或记录定时时间到时，系统自动将事件信息进记录。用户可以从人机界面提供的报警窗中查看报警和事件信息。

3. 组态王中事件的分类

组态王中根据操作对象和方式等的不同，事件分为以下几类：
（1）操作事件：用户对变量的值或变量域的值进行修改。
（2）用户登录事件：用户登录到系统，或从系统中退出登录。
（3）工作站事件：单机或网络站点上组态王运行系统的启动和退出。
（4）应用程序事件：来自 DDE 或 OPC 变量的数据发生了变化。

▶ 提示

◆ 事件在组态王运行系统中人机界面的输出显示是通过历史报警窗实现的。

8.2.4 任务实施

1. 操作事件

操作事件是指用户修改有"生成事件"定义的变量的值或其域的值时，系统产生的事件。如修改重要参数的值，或报警限值、变量的优先级等。这里需要注意的时，同报警一样，修改字符串型变量和字符串型域的值时不能生成事件。操作事件可以进行记录，使用户了解当时的值是多少，修改后的值是多少。

变量要生成操作事件，必须先要定义变量的"生成事件"属性。

（1）在组态王数据词典中新建内存整型变量"操作事件"，选择"定义变量"的"记录和安全区"属性页，如图8-22所示。在"安全区"栏中选择"生成事件"选项。单击"确定"，关闭对话框。

（2）新建画面，在画面上创建一个文本，定义文本的动画连接为模拟值输入和模拟值输出

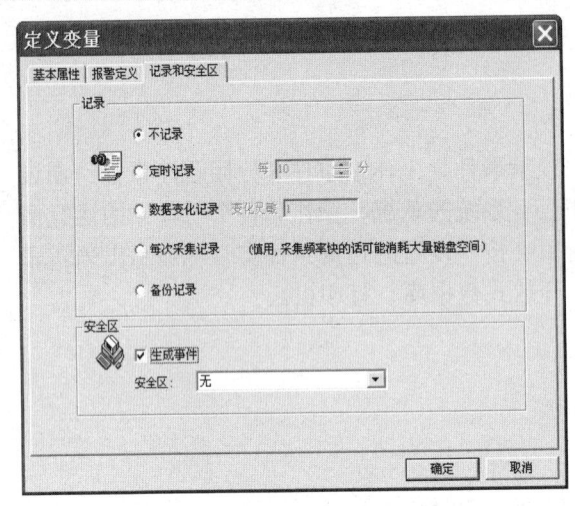

图8-22 变量定义"生成事件"

连接，选择连接变量为"操作事件"。再创建一个文本，定义文本的动画连接为模拟值输入和模拟值输出连接，选择连接变量为"操作事件"的优先级域"Priority"。

（3）在画面上创建一个报警窗，定义报警窗的名称为"事件"，类型为"历史报警窗"。保存画面，切换到组态王运行系统。

（4）打开该画面，分别修改变量的值和变量优先级的值，系统产生操作事件，在报警窗中显示，如图8-23所示。报警窗中第二、三行为修改变量的值的操作事件，其中事件类型为"操作"，域名为"值"；第一行为修改变量优先级的值，域名为"优先级"。另外，还可以看到旧值和新值。

图8-23 生成的操作事件

2. 用户登录事件

用户登录事件是指用户向系统登录时产生的事件。系统中的用户，可以在工程浏览器"用户配置中"配置用户名、密码、权限等。

用户登录时，如果登录成功，则产生"登录成功"事件；如果登录失败或取消登录过程，则产生"登录失败"事件；如果用户退出登录状态，则产生"注销"事件。

当切换到组态王运行系统时，打开画面，选择菜单"特殊\登录开"，在弹出

的用户登录对话框中选择用户名，输入密码，单击确定，产生登录成功事件；如果同样选择该用户，在登录对话框上选择取消，产生登录失败事件；选择菜单“特殊\登录关”，产生注销事件。如图 8–24 所示。

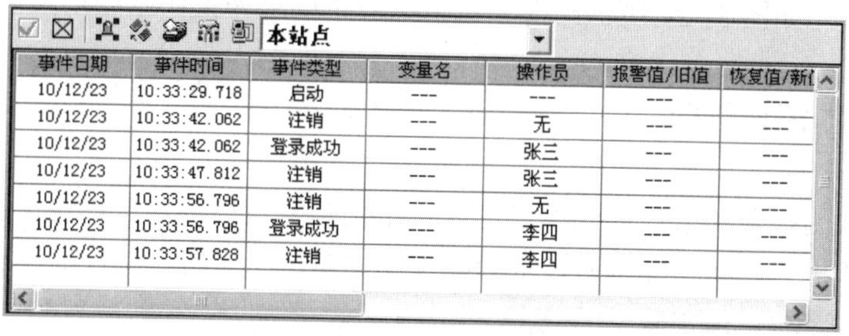

本站点

事件日期	事件时间	事件类型	变量名	操作员	报警值/旧值	恢复值/新值
10/12/23	10:33:29.718	启动	---	---	---	---
10/12/23	10:33:42.062	注销	---	无	---	---
10/12/23	10:33:42.062	登录成功	---	张三	---	---
10/12/23	10:33:47.812	注销	---	张三	---	---
10/12/23	10:33:56.796	注销	---	无	---	---
10/12/23	10:33:56.796	登录成功	---	李四	---	---
10/12/23	10:33:57.828	注销	---	李四	---	---

图 8–24　登录事件

3. 应用程序事件

如果变量是 I/O 变量，变量的数据源为 DDE 或 OPC 服务器等应用程序，对变量定义“生成事件”属性（如图 8–22）后，当采集到的数据发生变化时，产生该变量的应用程序事件。

例如：建立一个 EXCEL 的 DDE 设备的变量，产生该变量的应用程序事件。

（1）在组态王中新建“DDE”设备，设备的逻辑名称为“Excel 设备”，服务程序名称为“Excel”，话题名为“Sheet1”。

（2）在数据词典中新建变量，变量名称为“DDE 事件”，变量类型为 I/O 实型，变量连接的设备为“Excel 设备”，项目名称为“R1C1”。

（3）在变量的“记录和安全区”属性页中选择“生成事件”选项，单击确定，关闭对话框。

（4）在建立的画面中创建一个文本，并建立动画连接——模拟值输出，关联的变量为“DDE 事件”。保存画面，启动 Excel，切换到组态王运行系统，打开该画面。

（5）修改 Excel 的 Sheet1 工作表的 R1C1 单元格中的数据，每当组态王检测到数据变化时，产生应用程序事件，如图 8–25 所示。

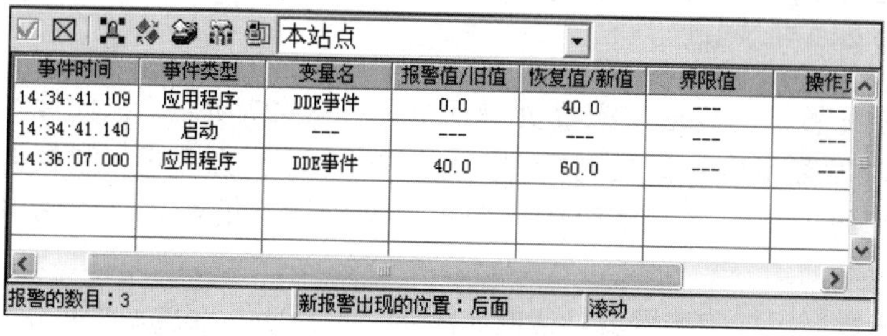

本站点

事件时间	事件类型	变量名	报警值/旧值	恢复值/新值	界限值	操作员
14:34:41.109	应用程序	DDE事件	0.0	40.0	---	---
14:34:41.140	启动	---	---	---	---	---
14:36:07.000	应用程序	DDE事件	40.0	60.0	---	---

报警的数目：3　新报警出现的位置：后面　滚动

图 8–25　应用程序事件

4. 工作站事件

工作站事件是指某个工作站站点上的组态王运行系统的启动和退出事件，包括单机和网络。组态王运行系统启动，产生工作站启动事件；运行系统退出，产生退出事件。如图8-24所示，报警窗中第一条信息为工作站启动事件。

8.2.5 知识进阶

系统中的报警和事件信息不仅可以输出到报警窗口中还可以输出到文件、数据库和打印机中。此功能可通过报警配置属性窗口来实现。

在工程浏览器窗口左侧的工程目录显示区中双击"系统配置\报警配置"选项，弹出"报警配置属性页"对话框，如图8-26所示。

报警配置属性窗口分为三个属性页：文件配置页、数据库配置页、打印配置页。

文件配置页：在此属性页中可以设置将哪些报警和事件记录到文件中，以及记录的格式、记录的目录、记录时间、记录哪些报警组的报警信息等。文件记录格式如下：

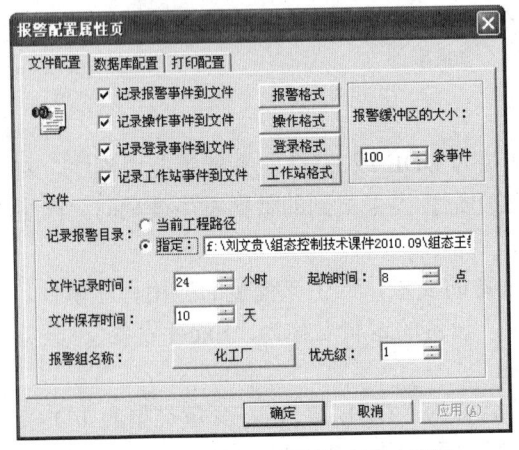

图8-26 "报警配置属性页"对话框

[工作站日期:2010年12月23日][工作站时间:11:03:48][事件类型:工作站启][机器名:本站点]

[工作站日期:2010年12月23日][工作站时间:11:05:30][事件类型:工作站退][机器名:本站点]

提示

◆ 这里提到的"文件"是组态王定义的内部文件，保存在指定的工程路径下，文件的后缀名称为".al2"。

数据库配置页：数据库配置页对话框如图8-27所示。在此属性页中可以设置将哪些报警和事件记录到数据库中，以及记录的格式、数据源的选择、登录数据库时的用户名和密码等。关于"数据源"的配置请参考《组态王使用手册》。

打印配置页：打印配置页对话框如图8-28所示。在此属性页中可以设置将哪些报警和事件输出到打印机中，以及打印的格式、打印机的端口号等。

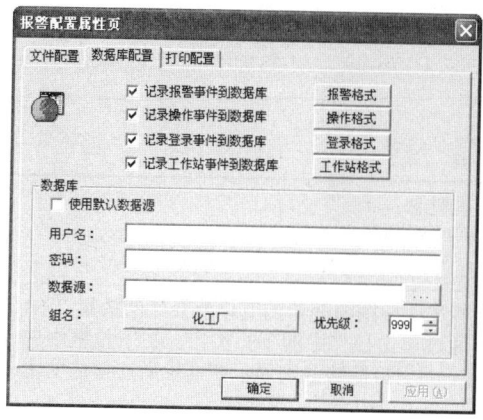

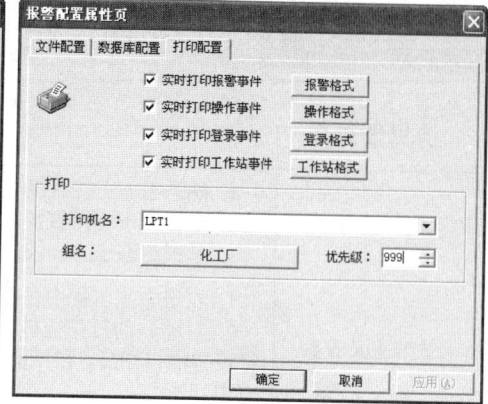

图 8-27　数据库配置页　　　　　图 8-28　打印配置页

> **提示**
>
> ◆ 因为组态王的实时报警信息是直接输出到打印端口的（如 LPT1），建议用户在使用实时报警打印时，最好使用带硬字库的针式打印机（即打印机本身带字库，市场上其他类型的打印机，如激光式、喷墨式、部分针式打印机等，其本身不带字库，均使用系统的字库），如 EPSON 的 1600KIII 等，否则打印出来的报警信息中的汉字会出现乱码。

8.2.6　问题讨论

（1）完善练习工程，对报警事件进行配置。

（2）在画面中得到各种报警事件的显示输出，将报警事件记录到文件中，将报警事件记录到数据库中，将事件输出到打印机。

项目九　常用控件

项目任务单

项目任务	1. 熟悉组态王控件的基本概念； 2. 掌握组态王内置控件——棒图控件的使用方法； 3. 掌握组态王 ActiveX 控件——日历控件的使用方法。
工艺要求及参数	1. 在组态王工程中，能够实现棒图随变量的变化而变化的效果； 2. 对建立的日历控件，通过单击控件中的下拉按钮，在下拉框中选择设定的日期后，日期的年、月、日能够分别显示在变量所连接的文本框中。
项目需求	1. PDF 格式文档阅读器； 2. 具有熟练使用应用软件菜单、工具箱的基本操作能力； 3. 具有一般工程的开发能力，并能够较熟练使用画面命令语言。
提交成果	1. 建立一个组态王工程，并通过画面命令语言建立和棒图控件的动画连接； 2. 利用 ActiveX 控件，建立一个日历控件； 3. 试着练习使用组态王的其他内置控件和 ActiveX 控件。

任务一　组态王内置控件

9.1.1　任务目标

熟悉组态王控件的基本概念，掌握组态王内置控件——棒图控件的使用方法。

9.1.2　任务分析

控件在外观上类似于组合图素，工程人员只需把它放在画面上，然后配置控件的属性，进行相应的函数连接，控件就能完成复杂的功能。使用控件将极大地提高工程人员工程开发和工程运行的效率。

9.1.3　相关知识

1. 什么是控件

控件实际上是可重用对象，用来执行专门的任务。每个控件实质上都是一个微型程序，但不是一个独立的应用程序，通过控件的属性、方法等控制控件的外观和行为，接受输入并提供输出。例如，Windows 操作系统中的组合列表框就是一个控件，通过设置属性可以决定组合列表框的大小，要显示文本的字体类型，以及显示的颜色。组态王的控件（如棒图、温控曲线、X-Y 轴曲线等）就是一种微型程序，它们能提供各种属性和丰富的命令语言函数用来完成各种特定的功能。

2. 控件的功能

当所实现的功能由主程序完成时需要编写很复杂的命令语言，或根本无法完成时，可以采用控件。主程序只需要向控件提供输入，而剩下的复杂工作由控件去完成，主程序无需理睬其过程，只要控件提供所需要的结果输出即可。另外，控件的可重用性也为用户提供了方便。例如，画面上需要多个二维条图，用以表示不同变量的变化情况，如果没有棒图控件，则首先要利用工具箱绘制多个长方形框，然后将它们分别进行填充连接，每一个变量对应一个长方形框，最后把这些复杂的步骤合在一起，才能完成棒图控件的功能。而直接利用棒图控件，工程人员只要把棒图控件拷贝到画面上，对它进行相应的属性设置和命令语言函数的连接，就可实现用二维条图或三维条图来显示多个不同变量的变化情况。

3. 组态王支持的内置控件

组态王内置控件是组态王提供的、只能在组态王程序内使用的控件。组态王通过内置的控件函数和连接的变量来操作、控制控件，从控件获得输出结果。其他用户程序无法调用组态王内置控件。这些控件包括：棒图控件、温控曲线、X-Y 曲线、列表框、选项按钮、文本框、超级文本框、AVI 动画播放控件、视频控件、开放式数据库查询控件、历史曲线控件等。

9.1.4 任务实施

在组态王中加载内置控件，可以单击工具箱中的"插入控件"按钮，如图 9-1 所示，或选择画面开发系统中的"编辑\插入控件"菜单命令，弹出"创建控件"对话框，如图 9-2 所示。

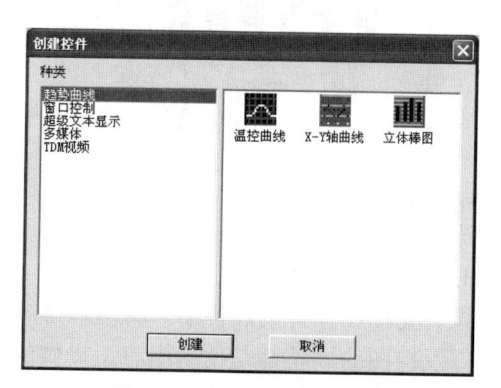

图 9-1 "插入控件"按钮　　　　图 9-2 "创建控件"对话框

下面以立体棒图控件为例来说明组态王内置控件的使用。棒图是指用图形的变化表现与之关联的数据的变化的绘图图表。组态王中的棒图图形可以是二维条形图、三维条形图或饼图。

1. 创建棒图控件到画面

系统弹出"创建控件"对话框后，在种类列表中选择"趋势曲线"，在右侧的内容中选择"立体棒图"图标，单击对话框上的"创建"按钮，或直接双击"立体棒图"图标，关闭对话框。此时鼠标变成小"+"字形，在画面上需要插入控件的地方按下鼠标左键，拖动鼠标，画面上出现一个矩形框，表示创建后控件界面的大小。松开鼠标左键，控件在画面上显示出来，如图9-3所示。

控件周围有带箭头的小矩形框，鼠标移到小矩形框上，当鼠标箭头变为方向箭头时，按下鼠标左键并拖动，可以改变控件的大小。当鼠标在控件上变为双"+"字型时，按下鼠标左键并拖动，可以改变控件的位置。

棒图每一个条形图下面对应一个标签 L1、L2、L3、L4、L5、L6。这些标签分别和组态王数据库中的变量相对应，当数据库中的变量发生变化时，则与每个标签相对应的条形图的高度也随之动态地发生变化，因此通过棒图控件可以实时地反应数据库中变量的变化情况。另外，工程人员还可以使用三维条形图和二维饼形图进行数据的动态显示。

2. 设置棒图控件的属性

用鼠标双击棒图控件，则弹出棒图控件属性页对话框，如图9-4所示。

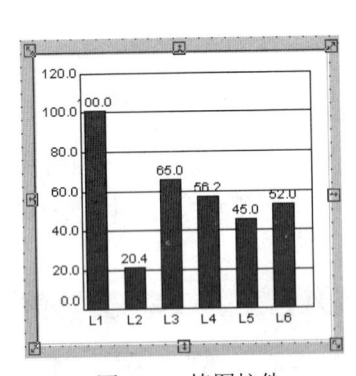

图9-3　棒图控件　　　　　图9-4　棒图控件属性设置

此属性页用于设置棒图控件的控件名称、图表类型、标签位置、颜色、刻度、字体型号、显示属性等各种属性。

3. 如何使用棒图控件

设置完棒图控件的属性后，就可以准备使用该控件了。棒图控件与变量的关联，以及棒图的刷新都是使用组态王提供的棒图函数来完成的。组态王的棒图函数如下：

（1）chartAdd ("ControlName", Value, "label")：此函数用于在指定的棒图控件中增加一个新的条形图。

（2）chartClear ("ControlName")：此函数用于在指定的棒图控件中清除所有的棒形图。

（3）chartSetBarColor ("ControlName", barIndex, colorIndex)：此函数用于在指定的棒图控件中设置条形图的颜色。

（4）chartSetValue ("ControlName", Index, Value)：此函数用于在指定的棒图控件中设定/修改索引值为 Index 的条形图的数据。

例如，要在画面上用棒图显示变量"原料罐温度"和"反应罐温度"值的变化，则可以按照下列步骤进行。

在画面上创建棒图控件，定义控件的属性时，控件名称设置为"温度棒图"，在画面上单击右键，在弹出的快捷菜单中选择"画面属性"，在弹出的画面属性对话框中选择"命令语言"按钮，单击"显示时"标签，在命令语言编辑器中添加如下程序：

```
chartAdd( "温度棒图", \\本站点\原料罐温度, "原料罐" );
chartAdd( "温度棒图", \\本站点\反应罐温度, "反应罐" );
```

该段程序将在画面被打开为当前画面时执行，在棒图控件上添加两个棒图，一个棒图与变量"原料罐温度"关联，标签为"原料罐"；第二个棒图与变量"反应罐温度"关联，标签为"反应罐"。

然后单击画面命令语言编辑器的"存在时"标签，定义执行周期为 1 000 毫秒。在命令语言编辑器中输入如下程序：

```
chartSetValue("温度棒图", 1, \\本站点\原料罐温度);
chartSetValue("温度棒图", 2, \\本站点\反应罐温度);
```

这段程序将在画面被打开为当前画面时，每 1 000 毫秒用相关变量的值刷新一次控件。

关闭命令语言编辑器，保存画面，则运行时打开该画面如图 9-5 所示。每隔 1 000 毫秒，系统会用相关变量的值刷新一次控件，而且控件的数值轴标记随绘制的棒图中最大的一个棒图值的变化而变化（这就是自动刻度）。

当画面中的棒图不再需要时，可以使用 chartClear()函数清除当前的棒图，然后再用 chartAdd()函数重新添加。

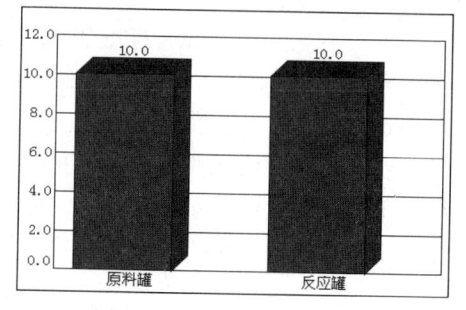

图 9-5 运行时的棒图控件

关于组态王其他内置控件的使用详见《组态王使用手册》。

提示

◆ 在运行系统中使用控件的函数、属性、方法等时,应该打开含有控件的画面(不一定是当前画面),否则会造成操作失败,这时,信息窗口中应该有相应的提示。

9.1.5 问题讨论

参考《组态王使用手册》,通过上机练习熟悉组态王其他内置控件的使用。

任务二 组态王 ActiveX 控件

9.2.1 任务目标

熟悉组态王 ActiveX 控件(通用控件)的基本概念,掌握组态王 ActiveX 控件——日历控件的使用方法。

9.2.2 任务分析

通过调用 Windows 标准的 ActiveX 控件,并对 ActiveX 控件的属性、方法、事件的相应设置来完成相应的工作,而无须在组态王中做大量的复杂的工作。

9.2.3 相关知识

组态王支持 Windows 标准的 ActiveX 控件,包括 Microsoft 提供的标准 ActiveX 控件和用户自制的 ActiveX 控件,这些控件在组态王中被称为"通用控件"。ActiveX 控件的引入在很大程度上方便了用户,用户可以灵活地编制一个符合自身需要的控件,或调用一个已有的标准控件,来完成一项复杂的任务,而无须在组态王中做大量的复杂的工作。一般的 ActiveX 控件都具有控件属性、控件方法、控件事件,用户在组态王中通过调用控件的这些属性、事件、方法来完成工作。

9.2.4 任务实施

如图 9-6 所示,在组态王工具箱上单击"插入通用控件"或选择画面开发系统中的"编辑\插入通用控件"菜单命令,弹出"插入控件"对话框,如图9-7所示。

图9-6 "插入通用控件"按钮

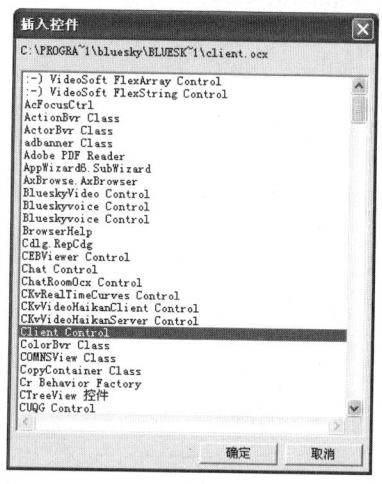

图9-7 "插入控件"对话框

在对话框的列表框中列出了本机上已经注册到 Windows 的 ActiveX 控件名称,用户从中可选择所需的控件,在列表框的上方的标签文本显示当前选中的 ActiveX 控件所对应的文件。单击"取消"按钮取消插入控件操作。选中控件名称后单击"确定"按钮或直接双击该列表项,则插入控件对话框自动关闭,鼠标箭头变为小"+"字型,在画面上选择要插入控件的位置,按下鼠标左键,然后拖动,直到拖动出的矩形框大小满足所需,放开鼠标左键,则创建的控件便出现在画面上。

下面以日历控件为例介绍 ActiveX 控件(通用控件)的应用。利用日历控件可实现在组态王中设置任一时间的功能。

(1)在工程浏览器窗口的数据词典中定义三个内存实型变量,如表9-1所示。

表9-1 变量定义

变 量 名	变 量 类 型	最 小 值	最 大 值
年变量	内存实型	0	10 000
月变量	内存实型	0	12
日变量	内存实型	0	31

(2)新建一画面,名称为"日历控件画面"。

(3)单击工具箱中的 工具,在弹出的"插入控件"窗口中选择如图9-8所示的控件。单击"确定"按钮,在画面中绘制一日历控件,如图9-9所示。

(4)双击日历控件,弹出"动画连接属性"对话框,如图9-10所示。

155

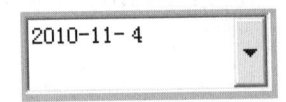

图 9-9　日历控件

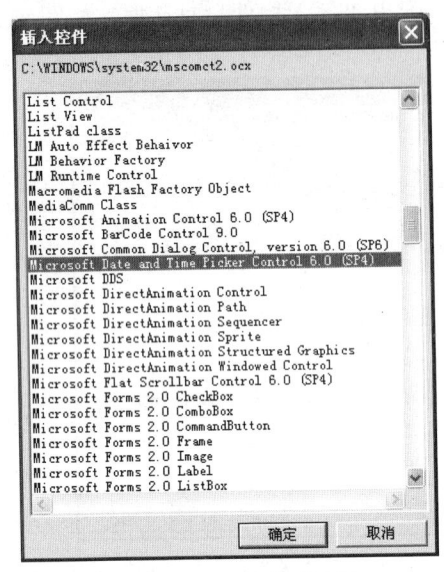

图 9-8　通用控件对话框

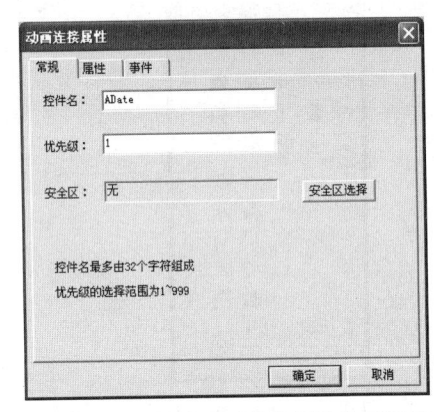

图 9-10　控件"动画连接属性"对话框

在"常规"属性卡中将控件名设为"Adate",在"事件"属性卡中双击"CloseUp"事件,在弹出的事件命令语言对话框中输入如图 9-11 所示的命令语言。单击"确认"按钮,关闭控件事件命令语言对话框。回到"动画连接属性"对话框,单击"确定"按钮,关闭"动画连接属性"对话框。

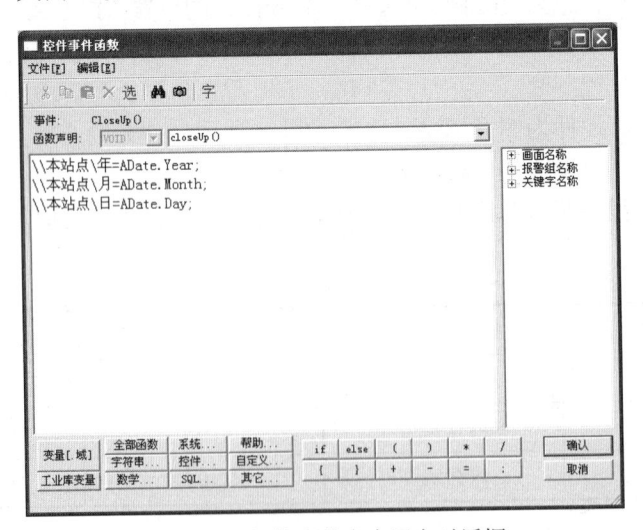

图 9-11　控件事件命令语言对话框

(5) 在日历控件画面中添加三个文本框,在文本框的"模拟量值输出"动画连接中分别连接变量\\本站点\年变量、\\本站点\月变量、\\本站点\日变量,分别显示在日历控件中选择日期的年、月、日。

（6）单击"文件"菜单中的"切换到 VIEW"命令，进入运行系统。运行此画面，如图 9-12 所示。

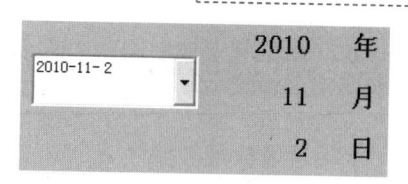

单击控件中的下拉按钮，在下拉框中选择设定的日期后，日期的年、月、日分别显示在变量\\本站点\\年变量、\\本站点\\月变量、\\本站点\\日变量所连接的文本框中。

图 9-12 运行中的日历控件画面

9.2.5 问题讨论

参考《组态王使用手册》，通过上机练习熟悉组态王其他通用控件的使用。

项目十　系统安全管理

项目任务单

项目任务	1. 掌握组态王开发系统加密及去除密码的方法； 2. 了解组态王的用户组和用户的概念，熟悉优先级、安全区和操作权限等基本概念； 3. 掌握配置组态王工程用户的方法； 4. 掌握如何设置对象的安全属性。
工艺要求及参数	1. 正确利用用户权限进行工程管理操作； 2. 正确进行用户配置操作； 3. 正确地设置对象的安全属性。
项目需求	1. PDF 格式文档阅读器； 2. 组态王工程浏览器的使用； 3. 函数的使用方法。
提交成果	1. 建立加密的组态王工程； 2. 根据实际要求配置特定的用户成员； 3. 为组态王工程中指定的对象配置操作权限及安全区。

任务一　组态王开发系统安全管理

10.1.1　任务目标

掌握设置工程加密和去除工程加密的基本方法。

10.1.2　任务分析

在组态王工程管理器中，可对开发的组态王工程进行加密，以防止非法用户侵入所开发的工程，对工程进行修改，从而保证组态王工程的安全。

10.1.3　相关知识

安全保护是应用系统不可忽视的问题，对于可能有不同类型的用户共同使用的大型复杂应用，必须解决好授权与安全性的问题，系统必须能够依据用户的使用权限允许或禁止其对系统进行操作。组态王提供了一个强有力的先进的基于用户的安全管理系统。

在组态王开发系统里可以对工程进行加密。打开工程时只有输入密码正确时才能进入该工程的开发系统。为了防止其他人员对工程进行修改,在组态王开发系统中可以分别对多个工程进行加密。当进入一个有密码的工程时,必须正确输入密码方可进入开发系统,否则不能打开该工程进行修改,从而实现了组态王开发系统的安全管理。

10.1.4 任务实施

1. 对工程进行加密

新建组态王工程,首次进入组态王工程浏览器,系统默认没有密码,可直接进入组态王开发系统。如果要对该工程的开发系统进行加密,执行工程浏览器中"工具\工程加密"菜单命令。弹出"工程加密处理"对话框,如图10-1所示。

密码:输入密码,密码长度不超过12个字节,密码可以是字母(区分字母大小写)、数字、其他符号等。

确认密码:再次输入相同密码进行确认。

单击"取消"按钮将取消对工程实施加密操作;单击"确定"按钮后,系统将对工程进行加密。加密过程中系统会弹出提示信息框,显示对每一个画面分别进行加密处理。当加密操作完成后,系统弹出"操作完成"提示框,如图10-2所示。

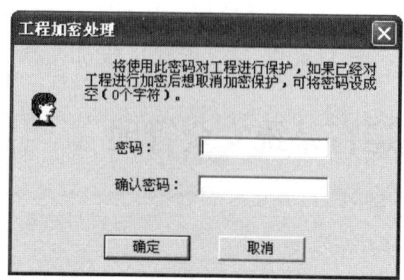

图10-1 "工程加密处理"对话框　　　图10-2 加密操作成功

每次在开发环境下打开该工程时,都会出现检查文件密码对话框,要求输入工程密码,如图10-3所示。密码输入正确后,将打开该工程,否则出现如图10-4所示对话框。

图10-3 检查文件密码　　　图10-4 密码错误对话框

单击"重试"按钮将回到检查文件密码对话框，用户可重新输入密码。单击"取消"按钮，工程将无法打开。

▶ **提示**

◆ 在对组态王工程进行加密之前，必须先关闭所有工程开发画面。

2．去除工程加密

如果想取消对工程的加密，在打开该工程后，单击"工具\工程加密"菜单命令，弹出"工程加密处理"对话框，将密码设为空，单击"确定"按钮，则弹出如图 10-5 所示对话框。

单击"确定"按钮后系统将取消对工程的加密。单击"取消"按钮放弃对工程加密的取消操作。

图 10-5　取消工程加密确认对话框

▶ **提示**

◆ 如果用户丢失了工程密码，将无法打开组态王工程进行修改，请小心妥善保存密码！

10.1.5　问题讨论

将创建的组态王工程进行加密处理，并且能够实现去除工程加密操作。

任务二　组态王运行系统安全管理

10.2.1　任务目标

熟练掌握用户配置的方法，掌握如何设置对象的安全属性。

10.2.2　任务分析

在组态王工程浏览器中可以设置用户组、用户以及用户口令，并且可以为用户设置相应的优先级和安全区。另外，可以为组态王工程中的图形对象、热键命令语言和控件设置不同的优先级和安全区。只有当登录用户的操作优先级不小于该图素或热键规定的操作优先级，并且安全区在该图素或热键规定的安全区内时，方可访问该对象或执行命令语言。只有对用户和对象的操作优先级和安全区做正确的配置，才能够保证组态王工程的安全可靠运行。

10.2.3 相关知识

在组态王系统中，为了保证运行系统的安全，对画面上的图形对象设置访问权限，同时给操作者分配访问优先级和安全区，当操作者的优先级小于对象的访问优先级或不在对象的访问安全区内时，该对象为不可访问，即要访问一个有权限设置的对象，要求先具有访问优先级，而且操作者的操作安全区须在对象的安全区内时，方能访问。操作者的操作优先级级别从1～999，每个操作者和对象的操作优先级级别只有一个。系统安全区共有64个，用户在进行配置时，每个用户可选择除"无"以外的多个安全区，即一个用户可有多个安全区权限，每个对象也可有多个安全区权限。除"无"以外的安全区名称可由用户按照自己的需要进行修改。在软件运行过程中，优先级大于900的用户还可以配置其他操作者，为他们设置用户名、口令、访问优先级和安全区。

1. 用户组和用户

组态王工程系统的操作权限机制和 Windows NT 类似，采用用户组和用户的概念来进行操作权限的控制。在组态王软件中可以定义无限多个用户组，每个用户组中可以包含无限多个用户，同一个用户可以隶属于多个用户组。操作权限的分配是以用户组为单位来进行的，即某种功能的操作哪些用户组有权限，而某个用户能否对这个功能进行操作，取决于该用户所在的用户组是否具备对应的操作权限。

组态王开发系统按用户组来分配操作权限的机制，使用户能方便地建立多层次的安全机制，如实际应用中的安全机制一般要划分为操作员组、技术员组、负责人组。操作员组的成员一般只能进行简单的日常操作；技术员组负责工艺参数等功能的设置；负责人组能对重要的数据进行统计分析。各组的权限各自独立，但某用户可能因工作需要，能进行所有操作，则只需把该用户同时设为隶属于三个用户组即可。

2. 优先级和安全区

组态王采用分优先级和分安全区的双重保护策略。组态王系统将优先级从小到大定为1到999，可以对用户、图形对象、热键命令语言和控件设置不同的优先级。安全区功能在工程中使用广泛，在控制系统中一般包含多个控制过程，同时也有多个用户操作该控制系统。为了方便、安全地管理控制系统中的不同控制过程，组态王引入了安全区的概念。将需要授权的控制过程的对象设置安全区，同时给操作这些对象的用户分别设置安全区，例如工程要求A工人只能操作车间a的对象和数据，B工人只能操作车间b的对象和数据，组态王中的处理是：将车间a的所有对象和数据的安全区设置为包含在A工人的操作安全区内，将车间

b的所有对象和数据的安全区设置为包含在B工人的操作安全区内,其中A工人和B工人的安全区不相同。

应用系统中的每一个可操作元素都可以被指定保护级别(最大999级,最小1级)和安全区(最多64个),还可以指定图形对象、变量和热键命令语言的安全区。对应地,设计者可以指定操作者的操作优先级和工作安全区。在系统运行时,若操作者优先级小于可操作元素的访问优先级,或者工作安全区不在可操作元素的安全区内时,可操作元素是不可访问或操作的。

组态王中可定义操作优先级和安全区的有:

(1)三种用户输入连接:模拟值输入、离散值输入、字符串输入。

(2)两种滑动杆输入连接:水平滑动杆输入、垂直滑动杆输入。

(3)三种命令语言输入连接和热键命令语言:(鼠标或等价键)按下时、按住时、弹起时。

(4)其他:报警窗、图库精灵、控件(包括通用控件)、自定义菜单。

(5)变量的定义(每个变量有相应的安全区和优先级)。

当用户登录成功后,对于动画连接命令语言和热键命令语言,只有当登录用户的操作优先级不小于该图素或热键规定的操作优先级,并且安全区在该图素或热键规定的安全区内时,方可访问该对象或执行命令语言。命令语言执行时与其中连接的变量的安全区没有关系,命令语言会正常执行。对于滑动杆输入和值输入,除要求登录用户的操作优先级不小于对象设置的操作优先级、安全区在对象的安全区内,其安全区还必须在所连接变量的安全区内,否则用户虽然可以访问对象(使对象获得焦点),但不能操作和修改它的值,在组态王的信息窗口中也会有对连接变量没有修改权限的提示信息。

10.2.4 任务实施

1. 如何配置用户

组态王中可根据工程管理的需要将用户分成若干个组来管理,即用户组。

在组态王工程浏览器目录显示区中,双击大纲项系统配置下的用户配置,或从工程浏览器的顶部工具栏中单击"用户",弹出"用户和安全区配置"对话框,如图10-6所示。

(1)定义用户组。单击"新建"

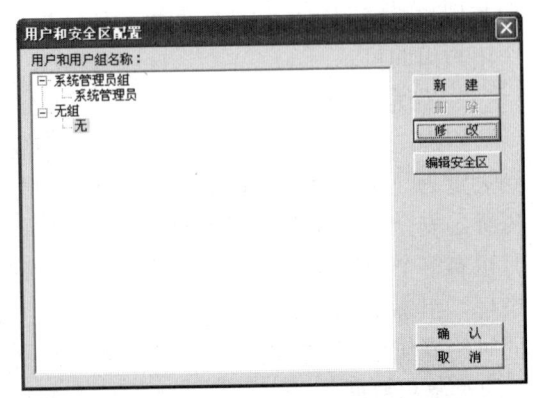

图10-6 "用户和安全区配置"对话框

按钮，弹出"定义用户组和用户"对话框，选中"用户组"按钮，如图 10-7 所示。

用户组下面可以包含多个用户，在对话框中的"用户组名"中填入所要配置的当前用户组的名称，如"系统维护员"；在"用户组注释"中填入对当前用户组的注释，如"系统维护组成员"。在右侧的"安全区"列表框中选择当前用户组下所有用户的公共安全区，配置完成后，按"确认"返回。

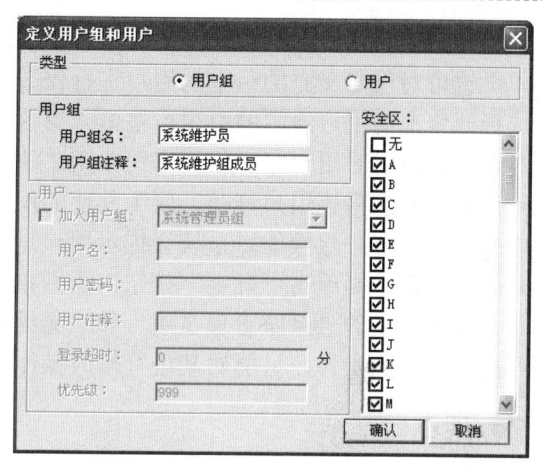

图 10-7 用户组配置对话框

也可对已定义完的用户组进行修改。在"用户和安全区配置"对话框中选择要修改的用户组，单击"修改"按钮，弹出"定义用户组和用户"对话框，可以对用户组名、用户组注释、安全区等进行修改。单击"删除"按钮，可以对选中的用户组进行删除操作，系统会提示用户是否确实要进行删除操作，如果确认进行删除操作，则点击"确定"按钮，否则单击"取消"按钮，取消删除操作。如果该用户组中定义有用户，则"删除"按钮为灰色，该命令无效，不能进行删除操作，只有当用户组为空时才可以删除该用户组。对系统默认生成的"系统管理员组"和"无组"不能进行删除操作，只能对其进行修改操作。

（2）定义用户组下的用户。一个用户组中可以包含多个用户，当建立了一个用户组之后，就可以在该用户组下添加用户。在"定义用户组和用户"对话框上，单击"用户"按钮，则"用户"下面的所有选项变为有效，如图 10-8 所示。

图 10-8 用户配置对话框

选中"加入用户组"，从下拉列表框中选择用户组名。例如刚才定义的"系统维护员"。在"用户名"中输入当前独立用户的名称，如"维护员 A"；在"用户密码"中输入当前用户的密码，密码输入后显示为"*"；在"用户注释"中输入对当前用户的说明；在"登录超时"中输入登录超时时间，即用户登录后，使用权限的时间，当到达规定的时间时，系统权限自动变为"无"，如果登录超时的值为 0，则登录后没有登录超时的限制；在"优先级"中输入当前用户的操作优先级级别；在"安全区"中选择该用户所属安全区。用户配置完成后单击"确认"按钮。

也可对已定义完的组中的用户进行修改。在"用户和安全区配置"对话框中选择要修改的用户组中的用户，单击"修改"按钮，弹出"定义用户组和用户"对话框，可以对用户名、用户密码、用户注释、登录超时、优先级、安全区等进行修改。不能将该用户修改为属于其他的用户组。单击"删除"按钮，可以对选中的用户进行删除操作。系统会提示用户是否确实要进行删除操作，如果确认进行删除操作，则单击"确定"按钮，否则单击"取消"按钮，取消删除操作。对系统默认生成的"系统管理员组"和"无组"中的用户"系统管理员"和"无"不能进行删除操作，只能对其进行修改操作。

提示

◆ 用户配置中，用户组名、用户组注释、用户名、用户密码、用户注释等最多可输入31个字符。

◆ 增加到组中的用户将继承其组的安全区和优先级的设置，但用户可以对每个用户的安全区和优先级进行修改。

（3）定义独立用户。对于单独的不需要加入到任何一个用户组的用户，可以定义为独立用户。

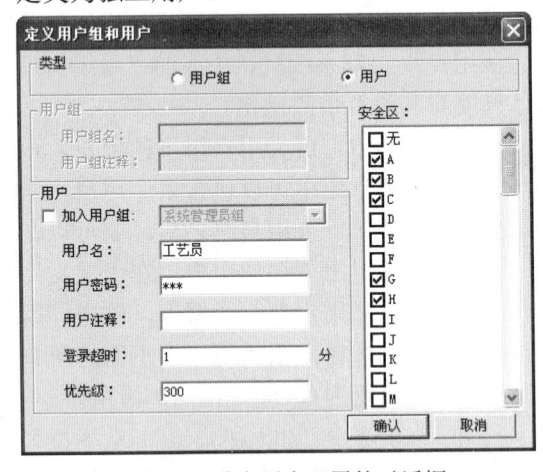

图10-9 独立用户配置的对话框

在"用户和安全区配置"对话框中，单击"新建"按钮，弹出独立用户配置的"定义用户组和用户"对话框，如图10-9所示。只要不选"加入用户组"前的选择框，定义的用户则为独立用户。

独立用户不属于任何一个用户组，其本身就是一个用户组。在"用户名"中输入当前独立用户的名称，如"工艺员"；在"用户密码"中输入当前用户的密码；在"用户注释"中输入对当前用户的说明；"登录超时"中输入登录超时时间；在"安全区"中选择该用户所属安全区。用户配置完成后单击"确认"按钮。

也可对已定义完的独立用户进行修改。在"用户和安全区配置"中选择要修改的用户，单击"修改"按钮，弹出"定义用户组和用户"对话框，可以对用户名、用户密码、用户注释、登录超时、优先级、安全区等进行修改。

（4）修改安全区。安全区的默认名称为"A，B，C，…"，用户可通过"用户和安全区配置"对话框中的"编辑安全区"按钮来修改各个安全区的名称。单击"编辑安全区"按钮,弹出"安全区配置"对话框,如图 10-10 所示。

单击选择一个除"无"外的要修改的安全区名称,"修改"按钮由灰色不可用变为黑色可用,单击"修改"按钮,弹出"更改安全区名"对话框,如图 10-11 所示。

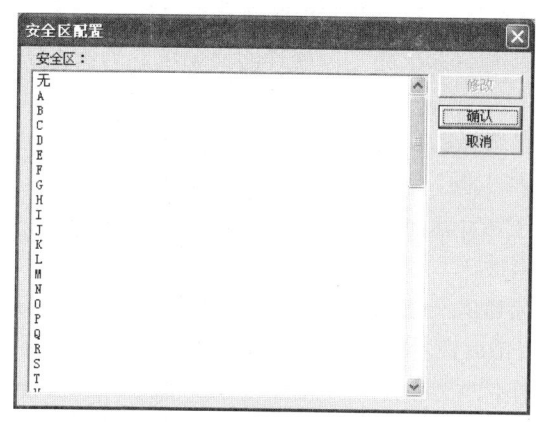

图 10-10 "安全区配置"对话框 　　　　图 10-11 "更改安全区名"对话框

在文本框中输入安全区的名称,单击"确认"按钮完成修改,照此方法,可修改所有的安全区名称。在其他的安全区选择列表框中选择安全区时,安全区的名称变成了修改后的名称,更加方便用户操作。

2. 设置对象的安全属性

(1) 设置图形对象的安全属性。

在组态王开发系统中双击画面上的某个对象,如矩形,弹出"动画连接"对话框,如图 10-12 所示。选择具有数据安全动画连接中的一项,如命令语言连接。则"优先级"和"安全区"选项变为有效,在"优先级"中输入访问的优先级级别;单击"安全区"后的　　按钮选择安全区,弹出"选择安全区"对话框,如图 10-13 所示。

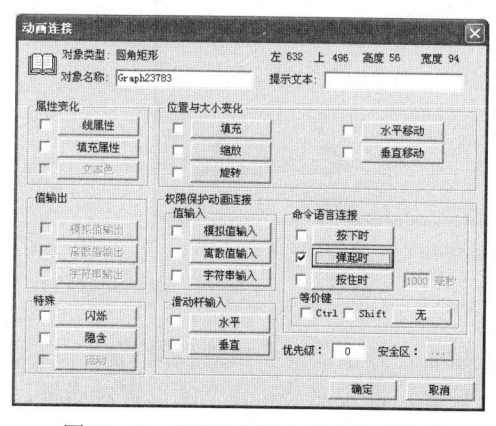

图 10-12 "动画连接"访问权限设置 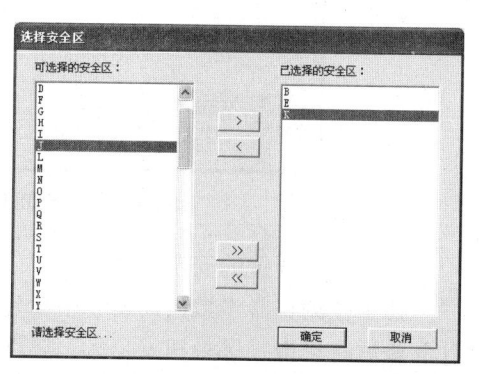　　　　图 10-13 安全区选择对话框

165

设置安全区的方法为：单击左侧"可选择的安全区"列表框中的安全区名称，然后单击">"按钮，即可将该安全区名称加入右侧的"已选择的安全区"列表框中，若一次选择连续排列的多个安全区，可以利用 Shift 键或按下鼠标左键并同时拖动鼠标，来选择所有需要的多个安全区，若选择非连续排列的多个安全区，可以利用 Ctrl 键或者单个多次加入。若需加入左侧"可选择的安全区"列表框中的全部安全区，使用">>"按钮。

取消安全区的方法为：选中"已选择的安全区"列表框中的安全区名称，单击"<"按钮即可，选中多个的方法与上同。若需取消右侧"可选择的安全区"列表框中的全部安全区，使用"<<"按钮。选择完毕后，单击"确定"返回。

（2）设置热键命令语言的安全属性。

在工程浏览器的目录显示区，选择"文件\命令语言\热键命令语言"，在右边的内容显示区出现"新建"图标，双击此图标，则弹出"热键命令语言"对话框，如图 10-14 所示。设置热键并在操作优先级输入栏内输入优先级级别，在安全区选择列表中选择热键的安全区。只有优先级高于该级别和安全区在该热键安全区内的用户登录后按下热键时，才会执行这段命令语言。热键的优先级级别和安全区设置与图形对象优先级级别和安全区设置相同。

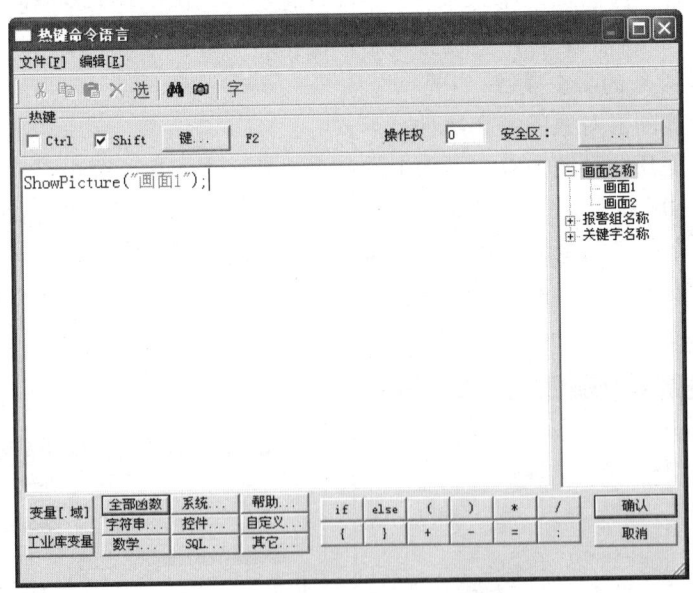

图 10-14 热键优先级和安全区设置

（3）设置变量的安全属性。

在工程浏览器"数据词典"中新建变量时，弹出"变量属性"对话框，定义好变量后，单击"记录和安全区"属性页标签，进入记录和安全区设置对话框，如图 10-15 所示。

根据工程设计需要在安全区列表框中选择一个安全区名称，选择完后单击"确定"按钮完成。

（4）设置控件的安全属性。

对于组态王的控件，只有趋势曲线类控件中的温控曲线和 X-Y 轴曲线、窗口控制类控件（包括列表框、组合框、复选框、编辑框、单选按钮）和超级文本显示控件可以设置访问权限，这些控件没有安全区设置，只与相连接的变量的安全区有关。

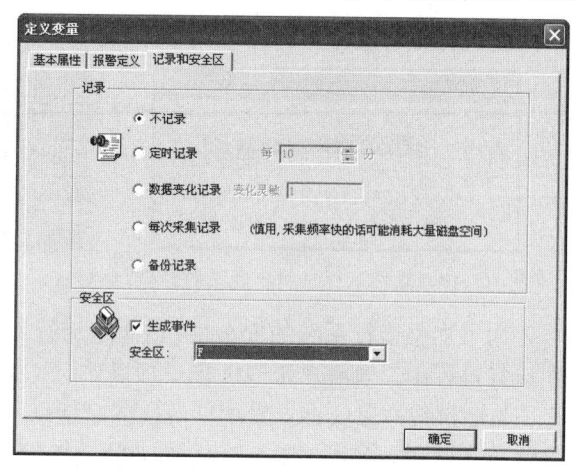

图 10-15　记录和安全区设置对话框

对于 ActiveX 控件，既可以设置优先级，也可以设置安全区。在组态王开发系统中双击画面上某个控件，弹出"动画连接属性"对话框，如图 10-16 所示。"优先级"输入栏输入该控件的访问优先级级别（1~999），单击"安全区选择"按钮弹出安全区选择对话框，选择需要的安全区后，在控件的"动画连接属性"对话框中的"安全区"文本框中显示出已经选择的安全区名称。

3. 运行时用户登录与退出

（1）用户登录。在 TouchView 运行环境下，操作人员必须以自己的身份登录才能获得一定的操作权。在运行系统中打开菜单"特殊\登录开"菜单项，则弹出用户"登录"对话框，如图 10-17 所示。

图 10-16　设置控件的访问优先级和安全区

单击用户名下拉列表框显示在开发系统中定义的所有用户的用户名称，从中选择一个用户名，在"口令"文本框中正确输入口令，然后单击"确定"按钮。如果登录无误，使用者将获得一定的操作权。否则系统显示"登录失败"的信息。

"登录开"的操作还可以通过命令语言来实现。假设给按钮"用户登录"设置命令语言连接：LogOn()；程序运行后，当操作者单击"用户登录"按钮时，将弹出用户"登录"对话框。如果在组态王工程浏览器中选择了菜单命令"配置\运行系统"，而且在弹出的"运行系统设置"对话框中的"特殊"属性页中使"运行时使用模拟键盘"有效，则用户"登录"对话框弹出后，单击"口令"对话框将同时显示模拟键盘，如图 10-18 所示。用户用鼠标在键盘窗口内选择字母或数字，如同使用真正的键盘一样。

图 10-17 软件运行时用户登录对话框

图 10-18 模拟键盘

为了加强运行系统的安全性，组态王运行系统还提供用户操作双重验证功能。在运行过程中，当用户希望进行一项操作时（如断路器分闸或合闸），为防止误操作，需要进行双重认证。即在身份认证对话框中，既要输入操作者的名称和密码，又要输入监控者的姓名和密码，两者验证无误时方可操作。实现双重验证通过调用 PowerCheckUser 函数实现，函数使用方法如下：

Result=PowerCheckUser(string OperatorName, string MonitorName);

其中：

OperatorName 返回的操作者姓名；MonitorName 返回监控者姓名。

返回值：1 表示验证成功；0 表示验证失败。

运行时执行该函数后，弹出"用户验证"对话框，如图 10-19 所示。

在"操作员"栏中将默认显示当前登录的用户；在"监督员"栏中将默认显示上次登录的用户。可通过下拉框选择已经在组态王中定义的用户。对于操作员和监督员，不能以相同的用户名称进行登录。当单击"确定"按钮时，如果用户的名称和密码完全正确，将完成此次的用户验证，但是用户的验证将不影响工程用户登录的情况。

图 10-19 "用户验证"对话框

当用户取消此次登录，将返回登录失败的信息，不进行任何的操作。操作者和监控者具有不同的权限和类型，建议两者均为组态王用户即可。

组态王运行系统中还提供对加密锁的加密方式。通过调用 GetyKey 函数来规定某个工程只能使用某一个加密锁，从而起到加密作用。运行系统中执行 GetyKey 函数，可以得到当前插在计算机上加密锁的序列号。函数使用格式如下：

GetKey();

此函数没有参数。

返回值为字符串型，为加密锁的序列号。

（2）退出登录。

用户完成操作离开时，有必要退出登录，以免非法用户侵入系统。退出登录只须选择菜单"特殊\登录关"即可。

同样使用函数 LogOff 的功能与菜单命令"特殊\登录关"相同。假设给按钮"用户登录关"设置命令语言连接 LogOff()，程序运行后，当操作者单击按钮时，将退出登录的用户。

4. 运行时重新设置口令和权限

在运行环境下，组态王还允许任何登录成功的用户修改自己的口令。首先进行用户登录，然后执行"特殊\修改口令"菜单，则弹出"修改口令"对话框，如图 10-20 所示。

在"旧口令"文本框中输入旧的口令，在"新口令"文本框中输入新的口令，在"校验新口令"文本框中同样输入新的口令，给用户一次核实的机会。最后单击"确定"按钮，然后旧的口令将被新的口令所代替。

修改口令也可以通过命令语言实现。函数 ChangePassWord 的功能和菜单命令"特殊\修改口令"相同。假设给按钮"修改口令"设置命令语言连接 ChangePassWord()，程序运行后，当操作者单击该按钮时，将弹出"修改口令"对话框。

运行系统中，对于操作权限大于 900 的用户还可以对用户权限进行修改，可以添加、删除或修改各个用户的优先级和安全区。如果登录用户权限小于 900，执行"特殊\配置用户"命令时，系统弹出如图 10-21 所示窗口。

图 10-20 "修改口令"对话框

图 10-21 不能配置用户提示

如果登录用户权限大于或等于 900，执行"特殊\配置用户"命令时，系统弹出"用户和安全区配置"对话框，可以修改用户的优先级和安全区。具体使用的方法和开发系统中配置用户的方法一样。在运行系统中配置完成用户后，系统将会自动记住，打开组态王开发系统用户配置，显示的是新配置完成的用户。

同样使用函数 EditUsers 的功能与菜单命令"特殊\配置用户"相同。假设给按钮"配置用户"设置命令语言连接 EditUsers()，程序运行后，当操作者单击该按钮时，用户权限大于或等于 900 时，系统弹出"用户和安全区配置"对话框。

10.2.5 知识进阶

1. 与安全管理相关的系统变量

与安全管理有关的系统变量有两个："$用户名"和"$访问权限"。

"$用户名"是内存字符串型变量，在程序运行时记录当前用户的名字。若没有用户登录或用户已退出登录,"$用户名"为"无"。

"$访问权限"是内存实型变量,在程序运行时记录着当前用户的访问权限。若没有用户登录或用户已退出登录,"$访问权限"为1,安全区为"无"。

2. 与安全管理相关的函数

与安全管理相关的函数有:

(1) ChangePassWord:此函数用于显示"修改口令"对话框,允许登录用户修改他们的口令。

调用格式:ChangePassWord();

此函数无参数。

(2) EditUsers:此函数用于显示"用户和安全区配置"对话框,允许权限大于900的用户配置用户和安全区。

调用格式:EditUsers();

此函数无参数。

(3) GetKey:此函数用于系统运行时获取组态王加密锁的序列号。

调用格式:GetKey();

此函数无参数。

返回值为字符串型:加密锁的序列号。

(4) LogOn:此函数用于在TouchView运行系统中登录。

调用格式:LogOn();

此函数无参数。

(5) LogOff:此函数用于在TouchView运行系统中退出登录。

调用格式:LogOff();

此函数无参数;

(6) PowerCheckUser:此函数用于运行系统中进行身份双重认证。

调用格式:Result=PowerCheckUser (OperatorName, MonitorName);

参数:OperatorName 返回的操作者姓名;MonitorName 返回监控者姓名。

返回值:Result=1 表示验证成功;Result=0 表示验证失败。

10.2.6 问题讨论

(1) 配置两个用户分别能够操作不同的对象。

(2) 运行组态王工程,实现运行状态的用户登录、退出登录以及重设口令与权限。

项目十一　组态王与其他软件之间的互联

项目任务单

项目任务	1. 掌握组态王与 Excel、Visual Basic 之间的动态数据交换； 2. 熟悉组态王作为 OPC 服务器与 OPC 客户端软件（FactorySoft OPC）之间的通信； 3. 熟悉组态王作为 OPC 客户端与 OPC 服务器软件（S7200 PC Access OPC Server）之间的通信； 4. 熟悉数据源及数据库的建立，熟悉表格模板及记录体的创建，熟悉连接数据库、创建数据库表格、插入记录、查询记录、断开数据库连接等操作。
工艺要求及参数	1. 通过建立组态王与 Excel、Visual Basic 之间的动态数据交换，观察数据的实时变化； 2. 通过 OPC 技术实现组态王和 FactorySoft OPC、S7200 PC Access OPC Server 之间通信互联，观察数据的实时变化； 3. 建立组态王和 Access 数据库之间连接，在组态王运行系统中观察数据连接成功后的返回值。
项目需求	1. 具有使用 Visual Basic 进行画面开发和编程的基本能力； 2. 熟悉 OPC 客户端软件（FactorySoft OPC）基本应用； 3. 具有西门子 S7-200 PLC 的基本编程能力，熟悉 S7200 PC Access OPC Server 的基本应用； 4. 具有 Access 数据库的基本应用能力。
提交成果	1. 建立一个组态王工程，能够实现与 Excel、Visual Basic 之间的动态数据交换； 2. 建立一个组态王工程，通过 OPC 技术能够实现与 FactorySoft OPC、S7200 PC Access OPC Server 之间的数据通信； 3. 配置 ODBC 数据源，建立 Access 数据库，在组态王工程中建立数据库操作画面，实现对数据库的相关操作。

任务一　基于动态数据交换的数据互联

11.1.1　任务目标

掌握组态王与 Excel、Visual Basic 之间动态数据交换的方法和步骤。

11.1.2　任务分析

组态王支持动态数据交换（Dynamic Data Exchange，DDE），能够和其他支持动态数据交换的应用程序方便地交换数据。通过 DDE，工程人员可以利用 PC 机丰富的软件资源来扩充组态王的功能，比如用电子表格程序从组态王的数据库中读取数据，对生产作业执行优化计算，然后组态王再从电子表格程序中读出结果来控制各个生产参数；可以利用 Visual Basic 开发服务程序，完成数据采集、报表打印、多媒体声光报警等功能，从而很容易组成一个完备的上位机管理系统。

11.1.3 相关知识

DDE 是 Windows 平台上的一个完整的通信协议，DDE 过程可以比喻为两个人的对话，一方向另一方提出问题，然后等待回答，提问的一方称为"客户"（Client），回答的一方称为"服务器"（Server）。一个应用程序可以同时是"客户"和"服务器"，当它向其他程序请求数据时，它充当的是"客户"，若有其他程序需要它提供数据，它又成了"服务器"。

DDE 对话的内容是通过三个标识名来约定的：

应用程序名（application）：进行 DDE 对话的双方的名称。商业应用程序的名称在产品文档中给出。组态王运行系统的程序名是"VIEW"，Microsoft Excel 的应用程序名是"Excel"，Visual Basic 程序使用的是可执行文件的名称。

主题（topic）：被讨论的数据域（domain）。对组态王来说，主题规定为"tagname"；Excel 的主题名是电子表格的名称，如 sheet1，sheet2，…；Visual Basic 程序的主题由窗体（Form）的 LinkTopic 属性值指定。

项目（item）：被讨论的特定数据对象。在组态王的数据词典里，工程人员定义 I/O 变量的同时，也定义项目名称。Excel 里的项目是单元，如 R1C2（表示第一行、第二列的单元）。对 Visual Basic 程序而言，项目是一个特定的文本框、标签或图片框的名称。

建立 DDE 之前，客户程序必须填写服务器程序的三个标识名，如表 11-1 所示。

表 11-1 服务器程序的三个标识名

	应用程序名		主 题		项 目	
	规定	例子	规定	例子	规定	例子
组态王	view		tagname		工程人员自己定义	温度
Excel	Excel		电子表格名	sheet1	单元	R2C2
Visual Basic	执行文件名	vbdde	窗体的 LinkTopic 属性	Form1	控件名称	Text

11.1.4 任务实施

1. 组态王与 Excel 之间的数据交换

当组态王作为"客户"向 Excel 请求数据时，需要在组态王的数据词典里新建一个 I/O 变量，并且登记服务器程序的三个标识名。

当 Excel 作为"客户"向组态王请求数据时，需要在 Excel 单元中输入远程引用公式：

=VIEW|TAGNAME!设备名.寄存器名

"设备名.寄存器名"指的是组态王数据词典里 I/O 变量的设备名和该变量的寄存器名。设备名和寄存器名的大小写一定要正确。

（1）组态王访问 Excel 的数据。

组态王作为"客户"向 Excel 请求数据时，数据流向如图 11-1 所示。

图 11-1 组态王访问 Excel 数据流向

组态王作为客户程序，需要在定义 I/O 变量时设置服务器程序 Excel 的三个标识名，即：服务程序名设为 Excel，话题名设为电子表格名，项目名设置成 Excel 单元格名。具体步骤如下。

① 在组态王中定义 DDE 设备。在工程浏览器左边的工程目录显示区中，选择"设备\DDE"，然后在右边的内容显示区中双击"新建"图标，则弹出"设备配置向导"对话框，已配置的 DDE 设备信息总结列表框如图 11-2 所示。

② 在组态王中定义变量。在工程浏览器左边的工程目录显示区中，选择"数据库\数据词典"，然后在右边的目录内容显示区中双击"新建"图标，弹出"定义变量"对话框，在此对话框中建

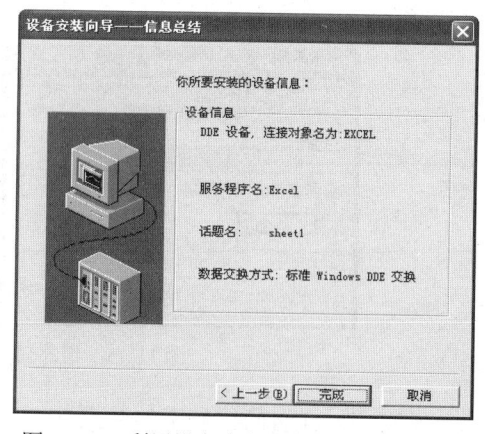

图 11-2 利用设备安装向导定义 DDE 设备

立一个 I/O 实型变量，如图 11-3 所示。变量名设为 fromExceltoView，连接设备为 Excel，项目名设为 r2c1，表明此变量将和 Excel 第二行第一列的单元进行连接。

③ 创建组态王画面并进行动画连接。新建组态王画面名为 test，如图 11-4 所示。为文本对象"###"设置"模拟值输出"动画连接，连接变量为"fromExceltoView"。选择菜单"文件\全部存"命令，保存画面。

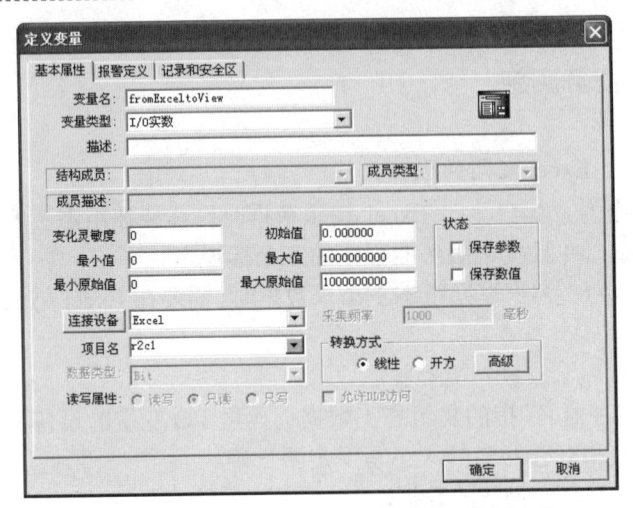

图 11-3 组态王定义变量并与 Excel 进行连接

④ 启动应用程序。首先启动 Excel 程序，然后启动组态王运行系统。TouchVew 启动后，TouchVew 就自动开始与 Excel 连接，在 Excel 的 A2 单元格（第二行第一列）中输入数据，可以看到 TouchVew 中的数据也同步变化，如图 11-5 所示。

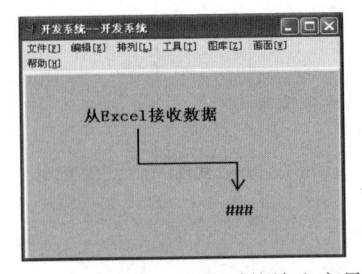

图 11-4 组态王运行系统输出变量

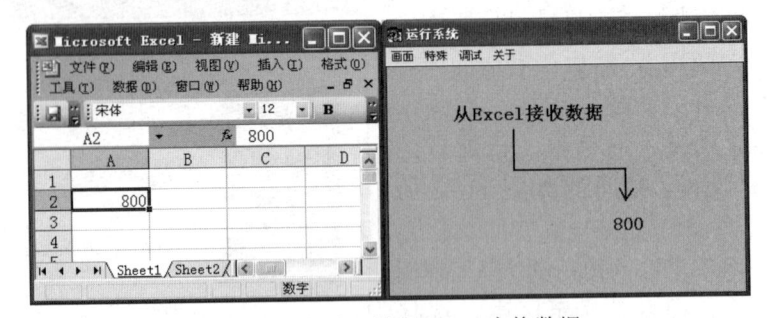

图 11-5 组态王访问 Excel 交换数据

（2）Excel 访问组态王的数据。

组态王通过驱动程序从下位机采集数据，Excel 又向组态王请求数据，组态王既是驱动程序的"客户"，又充当了 Excel 的"服务器"，Excel 访问组态王的数据的流向如图 11-6 所示。

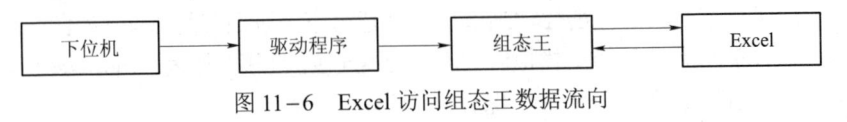

图 11-6 Excel 访问组态王数据流向

① 在组态王中定义设备。在工程浏览器左边的工程目录显示区中选择"设备",然后在右边的内容显示区中双击"新建"图标,则弹出设备安装向导对话框,已配置的设备信息总结列表框如图 11-7 所示(在这里从建立亚控仿真 PLC 为例)。

② 在组态王中定义变量。在工程浏览器左边的工程目录显示区中选择"数据库\数据词典",然后在右边的目录内容显示区中双击"新建"图标,弹出"定义变量"对话框,在此对话框中建立一个 I/O 整型变量,如图 11-8 所示。变量名设为 FromViewToExcel,这个名称由工程人员自己定义。必须选择"允许 DDE 访问"选项,该选项用于组态王能够将从外部采集来的数据传送给 Excel 或其他应用程序使用。该变量的项目名为"亚控仿真 PLC.RADOM1000"。变量名在组态王中使用,项目名是供 Excel 引用的,连接设备为亚控仿真 PLC,用来定义服务器程序的信息。

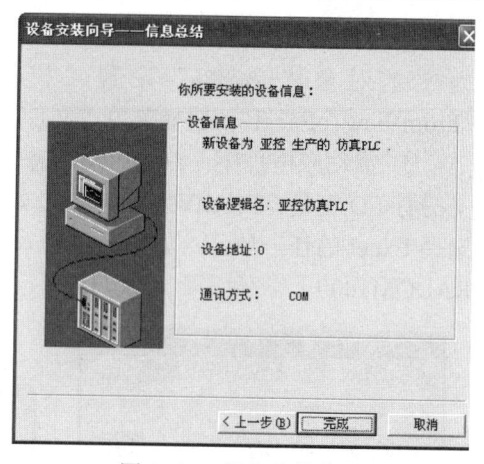

图 11-7 设备安装向导

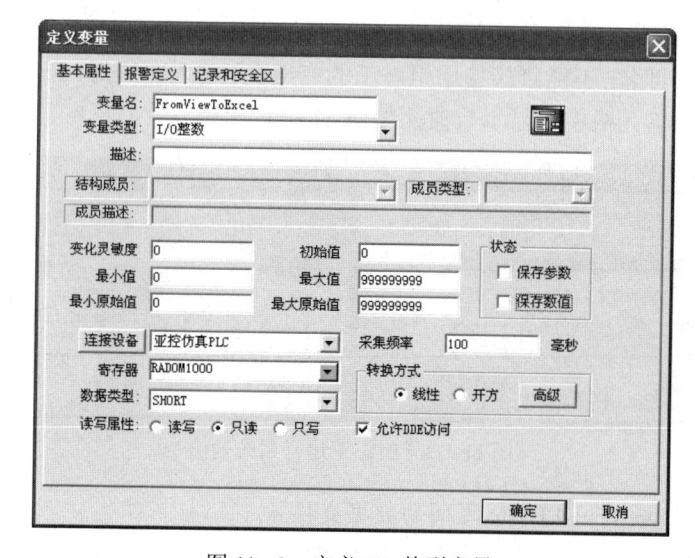

图 11-8 定义 I/O 整型变量

提示

◆ 在定义变量时必须要选择"允许 DDE 访问",否则客户应用程序不能访问到组态王的变量。

③ 创建画面并进行动画连接。新建组态王画面名为 test1，如图 11-9 所示。为文本对象"%%%%"设置"模拟值输出"动画连接，连接变量为"FromViewToExcel"。选择菜单"文件\全部存"命令，保存画面。

④ 启动应用程序。首先启动组态王运行系统 TouchVew，如果数据词典内定义的有 I/O 变量，TouchVew 就自动开始连接。然后启动 Excel，如图 11-10 所示，选择 Excel 的任一单元，如 r1c1，输入远程公式：=VIEW|tagname!亚控仿真 PLC.RADOM1000。

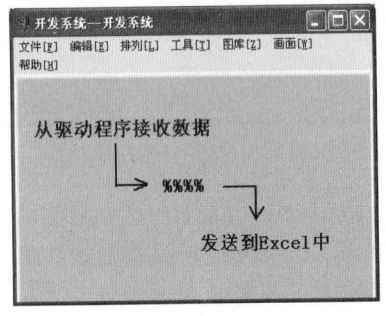

图 11-9　组态王运行系统输出该变量　　图 11-10　Excel 中引用组态王变量

VIEW 和 tagname 分别是组态王运行系统的应用程序名和主题名，亚控仿真 PLC.RADOM1000 是组态王中的 I/O 变量 FromViewToExcel 的项目名。在 Excel 中只能引用项目名，不能直接使用组态王的变量名。输入完成后，Excel 进行连接，若连接成功，单元格中将显示数值，如图 11-11 所示。

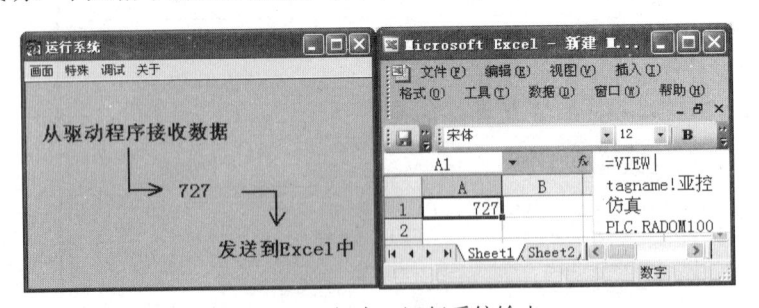

图 11-11　组态王运行系统输出

2. 组态王与 Visual Basic 之间的数据交换

在 Visual Basic 可视化编程工具中，DDE 连接是通过控件的属性和方法来实现的。对于作"客户"的文本框、标签或图片框，要设置 LinkTopic、LinkItem、LinkMode 三个属性。

control.LinkTopic 表示服务器程序名|主题名；

control.LinkItem 表示项目名；

control.LinkMode 有四种选择：0=关闭 DDE；1=热连接；2=冷连接；3=通告

连接。

其中，control 是文本框、标签或图片框的名字。

如果组态王作为"客户"向 Visual Basic 请求数据，需要在定义变量时说明服务器程序的三个标识名，即：应用程序名设为 Visual Basic 可执行程序的名字，把话题名设为 Visual Basic 中窗体的 LinkTopic 属性值，项目名设为 Visual Basic 控件的名字。

（1）组态王访问 Visual Basic 的数据。

① 运行可视化编程工具 Visual Basic。选择菜单"File\New Project"，显示新窗体 Form1，设计 Form1，如图 11-12 所示。

图 11-12　Visual Basic 中建立窗体和控件

修改 Visual Basic 中窗体和控件的属性：

窗体 Form1 属性：LinkMode 属性设置为 1(source)；LinkTopic 属性设置为 FormTopic，这个值将在组态王中引用。

文本框 Text1 属性：Name 属性设置为 Text_To_View，这个值也将在组态王中被引用。

② 生成 vbdde.exe 文件。在 Visual Basic 菜单中选择"File\Save Project"，为工程文件命名为 vbdde.vbp，这将使生成的可执行文件默认名是 vbdde.exe。选择菜单"File\Make EXE File"，生成可执行文件 vbdde.exe。

③ 在组态王中定义 DDE 设备。在工程浏览器中，从左边的工程目录显示区中选择"设备\DDE"，然后在右边的内容显示区中双击"新建"图标，则弹出"设备安装向导"对话框，已配置的 DDE 设备信息总结列表框如图 11-13 所

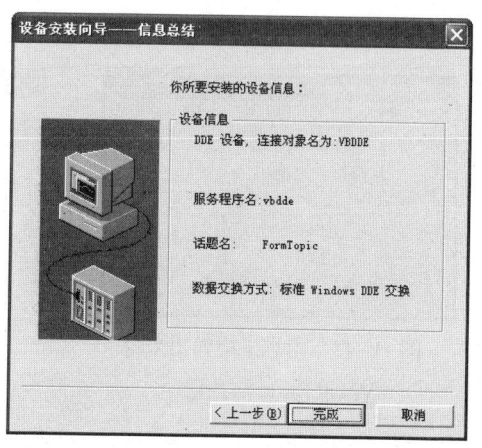

图 11-13　组态王中定义 DDE 设备

示。定义 I/O 变量时要使用定义的连接对象名 Visual BasicDDE（也就是连接设备名）。

④ 在组态王中定义变量。定义新变量名为 FromVisual BasicToView，项目名设为服务器程序中提供数据的控件名，此处是文本框 Text_To_View，连接设备为 Visual BasicDDE，"定义变量"对话框如图 11-14 所示。

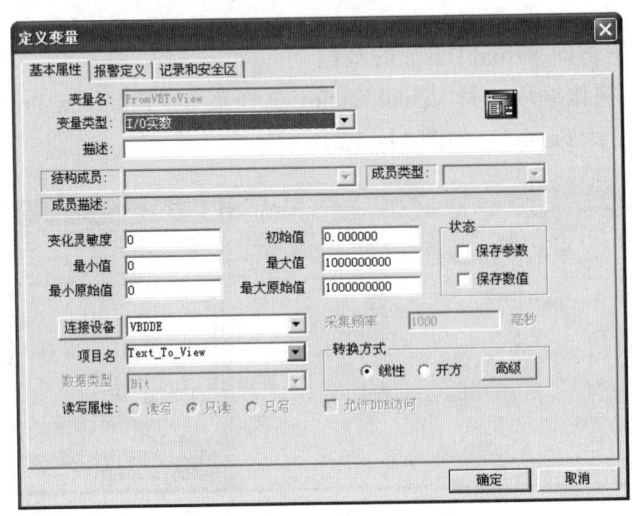

图 11-14 组态王中定义 I/O 变量

⑤ 创建组态王画面并进行动画连接。新建组态王画面名为 test2，如图 11-15 所示。为对象"###"设置"模拟值输出"动画连接，连接变量为"FromVisual BasicToView"。选择菜单"文件\全部存"命令，保存画面，DDE 连接设置完成。

⑥ 执行应用程序。在 Visual Basic 中选择菜单"Run\Start"，运行 vbdde.exe 程序，在文本框中输入数值。运行组态王，得到 Visual Basic 中的数值，如图 11-16 所示。

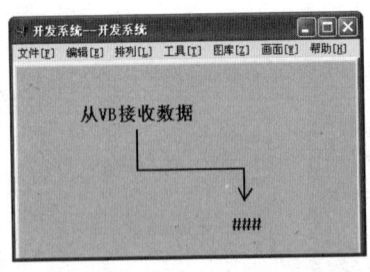

图 11-15 组态王中输出来自 Visual Basic 的数据

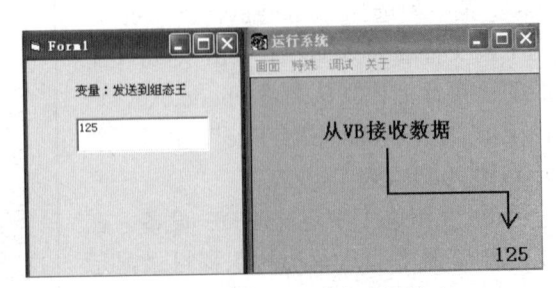

图 11-16 组态王中为变量输出建立动画连接

（2）Visual Basic 访问组态王的数据。

① 在组态王中定义设备。在工程浏览器左边的工程目录显示区中选择"设

备",然后在右边的内容显示区中双击"新建"图标,则弹出"设备安装向导"对话框,已配置的设备信息总结列表框如前面图 11-7 所示(在这里以建立亚控仿真 PLC 为例)。

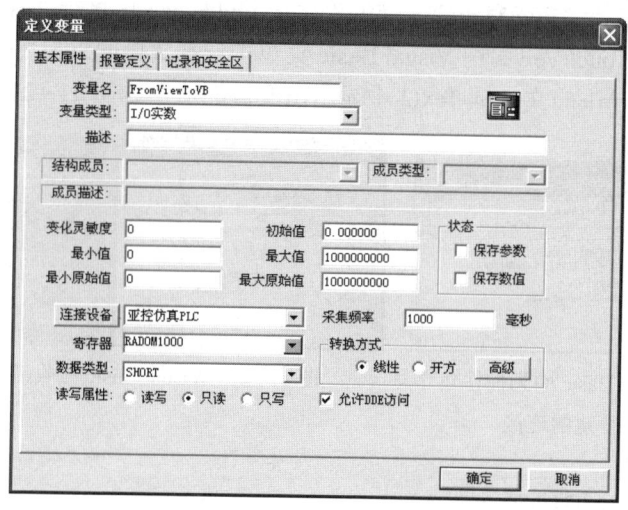

图 11-17 组态王定义 I/O 实型变量

② 在组态王中定义变量。在工程浏览器左边的工程目录显示区中选择"数据库\数据词典",然后在右边的目录内容显示区中用双击"新建"图标,弹出"定义变量"对话框,在此对话框中建立一个 I/O 实型变量,如图 11-17 所示。

变量名设为 FromViewToVisual Basic,项目名为亚控仿真 PLC.RADOM1000。选择"允许 DDE 访问"选项。变量名在组态王内部使用,项目名是供 Visual Basic 引用的,连接设备为亚控仿真 PLC,用来定义服务器程序的信息。

③ 创建画面并进行动画连接。新建组态王画面名为 test3,如图 11-18 所示。为文本对象"%%%"设置"模拟值输出"动画连接,连接变量为"FromViewToVisual Basic"。选择菜单"文件\全部存"命令,保存画面。

④ 运行可视化编程工具 Visual Basic。继续使用上面的例子,设计 Form1 如图 11-19 所示。

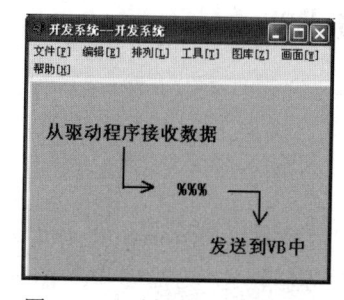

图 11-18 组态王中输出变量

图 11-19 建立窗体和控件

⑤ 编制 Visual Basic 程序。双击 Form1 窗体中任何没有控件的区域，弹出 Form1.frm 窗口，在窗口内书写 Form_Load 子例程，如图 11-20 所示。

⑥ 生成可执行文件。在 Visual Basic 中选择菜单"File\Save Project"保存修改结果。选择菜单"File\Make Exe File"生成 vbdde.exe 可执行文件。激活"组态王"运行系统 TouchView。在 Visual Basic 菜单中选择"Run\Start"运行 vbdde.exe 程序。窗口 Form1 的文本框 Text2 中显示出变量的值，如图 11-21 所示。

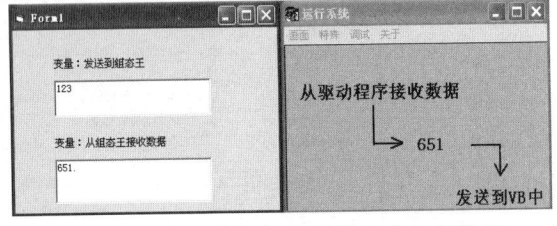

图 11-20　Visual Basic 中为控件建立与组态王变量的连接

图 11-21　Visual Basic 接收组态王的数据

11.1.5　知识进阶

NetDDE 是 DDE 的网络扩展，主要为网络上不同计算机之间的动态数据交换提供方便，使用 DDE 共享特性来管理程序通信和共享数据。要想使 DDE 客户端程序通过网络访问远程 DDE 服务器，客户端计算机及服务器端计算机必须支持 NetDDE（WindowsNT/2000/XP/2003 缺省支持），同时必须保证两台计算机在连网的条件下，并且网卡端口要全部打开。关于 NetDDE 的详细使用请参考相关资料。

11.1.6　问题讨论

（1）试练习组态王和 Excel、组态王和 Visual Basic 之间的动态数据交换。
（2）查阅相关资料熟悉组态王和 Excel 之间的网络动态数据交换（NetDDE）。

任务二　基于 OPC 方式的通信互联

11.2.1　任务目标

熟悉组态王作为 OPC 服务器与 OPC 客户端软件（FactorySoft OPC）之间的通信，以及组态王作为 OPC 客户端与 OPC 服务器软件（S7200 PC Access OPC Server）之间的通信。

11.2.2 任务分析

在组态王工程浏览器定义 OPC 服务器的基础上，通过熟悉 OPC 客户端软件（FactorySoft OPC）和 OPC 服务器软件（S7200 PC Access OPC Server）的使用，来建立它们与组态王之间的连接，从而实现通信互联。

11.2.3 相关知识

OPC（OLE for Process Control）是过程控制业中的新兴标准，它的出现为基于 Windows 的应用程序和现场过程控制应用建立了桥梁。在过去，为了存取现场设备的数据信息，每一个应用软件开发商都需要编写专用的接口函数，由于现场设备的种类繁多，且产品不断升级，往往给用户和软件开发商带来了巨大的工作负担，系统集成商和开发商需要一种具有高效性、可靠性、开放性、可互操作性的即插即用的设备驱动程序。OPC 以 OLE/COM/DCOM 机制作为应用程序级的通信标准，采用客户/服务器模式，把开发访问接口的任务放在硬件生产厂家或第三方厂家，以 OPC 服务器的形式提供给用户，解决了软、硬件厂商的矛盾，完成了系统的集成，提高了系统的开放性和可互操作性。

OPC 技术的实现包括两个组成部分，即 OPC 服务器部分和 OPC 客户应用部分。OPC 服务器是一个现场数据源程序，它收集现场设备数据信息，通过标准的 OPC 接口传送给 OPC 客户端应用。OPC 客户应用是一个数据接收程序，如人机界面软件（HMI）、数据采集与处理软件（SCADA）等。OPC 客户应用通过 OPC 标准接口与 OPC 服务器通信，获取 OPC 服务器的各种信息。符合 OPC 标准的客户应用可以访问来自任何生产厂商的 OPC 服务器程序。

OPC 服务器由三类对象组成：服务器（Server）、组（Group）、数据项（Item）。

（1）服务器（Server）：拥有服务器的所有信息，同时也是组对象（Group）的容器。

（2）组（Group）：拥有本组的所有信息，同时包容并逻辑组织 OPC 数据项（Item）。一般说来，客户和服务器的一对连接只需要定义一个组对象。在每个组对象中，客户可以加入多个 OPC 数据项（Item）。

（3）数据项（Item）：是服务器端定义的对象，通常指向设备的一个寄存器单元。

11.2.4 任务实施

下面我们举例说明组态王作为 OPC 服务器与 OPC 客户端软件（FactorySoft

OPC）之间的通信，以及组态王作为 OPC 客户端与 OPC 服务器软件（S7200 PC Access OPC Server）之间的通信。

1. 组态王作为 OPC 服务器

（1）建立为 OPC 服务器。在组态王工程浏览器左边的工程目录显示区中，选择"设备\OPC 服务器"，然后在右边的内容显示区中双击"新建"图标，弹出"查看 OPC 服务器"对话框，如图 11-22 所示。"网络节点名"内缺省为"本机"，右侧面板会显示出本机所有建立起的 OPC 服务器，如果没有，请单击"查找"按钮来查找。在这里，选择"KingView.View.1"作为 OPC 服务器，单击"确定"按钮，将组态王建立为 OPC 服务器。

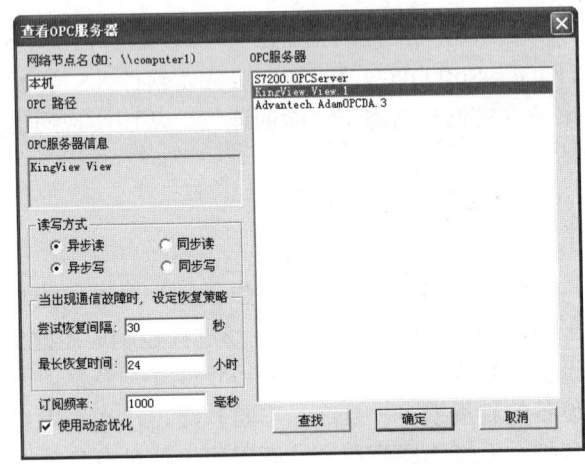

图 11-22　建立 OPC 服务器

（2）运行组态王。组态王只有在运行后，才可以作为 OPC 服务器被客户端连接。

（3）从 OPC 客户端读取数据。运行 FactorySoft OPC 客户端软件，如图 11-23 所示。在 OPC 客户端的"OPC"菜单选择"Connect…"，弹出如图 11-24 所示对话框，选择组态王 OPC 服务器"KingView.View.1"，单击 OK 按钮。在"OPC"菜单选择"Add Item…"，弹出如图 11-25 所示对话框，选择想要查看的组态王变量，注意数据项是指组态王的变量域，选中后点击"Add Item"按钮，完成数据项添加，然后点击"Done"按钮即可。这时可以看到组态王中的数据传到了客户端，客户端的数据随组态王中的数据一起更新，如图 11-26 所示。

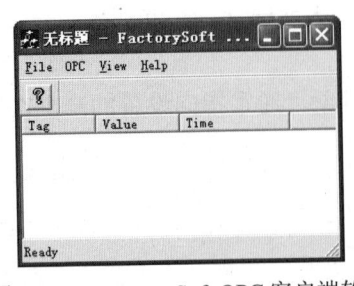

图 11-23　FactorySoft OPC 客户端软件

图 11-24　选择 OPC 服务器对话框

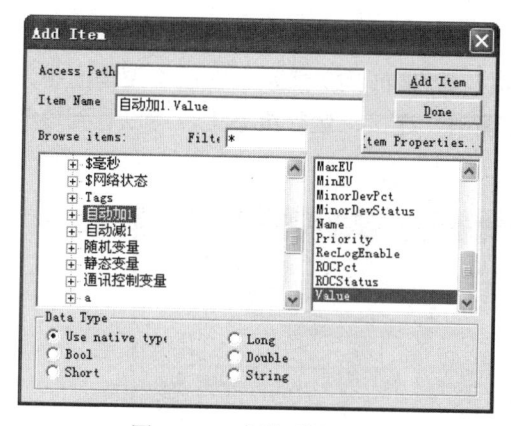

图 11-25　添加数据项

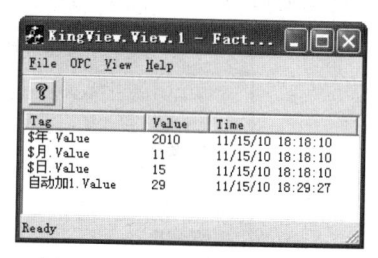

图 11-26　客户端的数据状态

2. 组态王作为 OPC 客户端

（1）在组态王中建立"S7200.OPCServer" OPC 服务器，如图 11-27 所示。

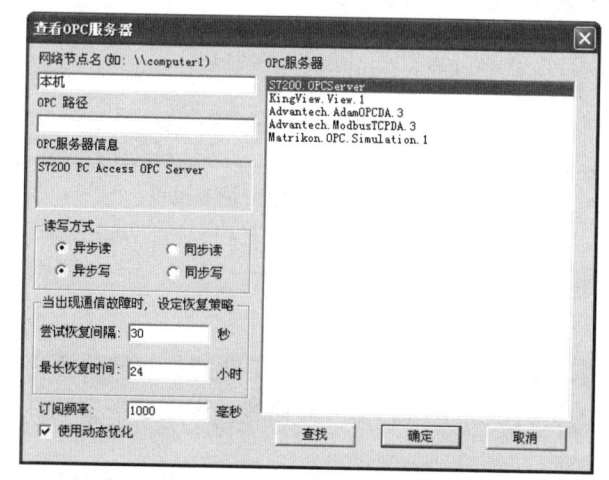

图 11-27　建立 OPC 服务器

（2）运行 OPC 服务器，监视变量的变化，如图 11-28 所示。

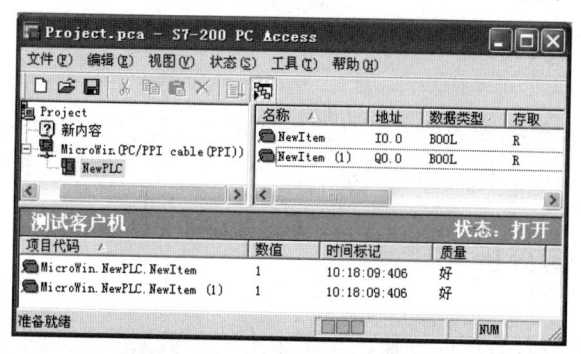

图 11-28　OPC 服务器运行状态

（3）组态王读取数据。在组态王中建立想要查看的变量，连接设备即 OPC 服务器，寄存器为 OPC 服务器的数据项，如图 11-29 所示。在组态王画面中建立一个和"OPC 数据"变量的"离散值输出"连接，运行组态王，可以看到该变量的变化与 OPC 服务器的数据保持一致。

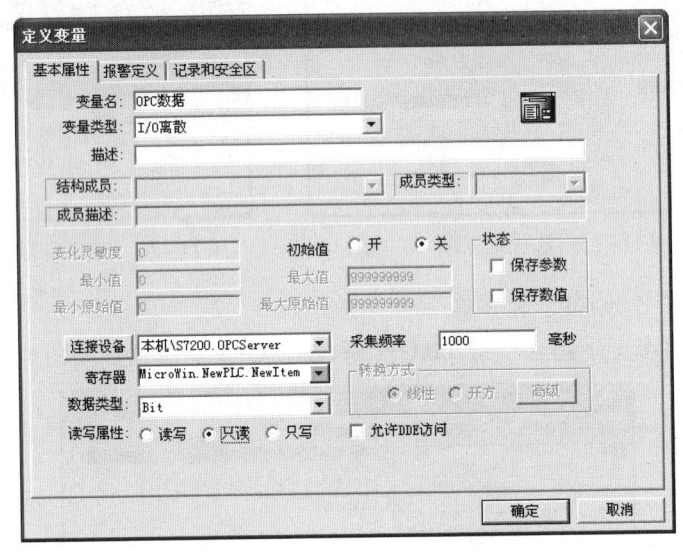

图 11-29　组态王中变量的设置

11.2.5　问题讨论

（1）深入理解 OPC 的概念以及 OPC 在工业控制领域的意义。
（2）查阅相关资料试练习组态王与其他客户端或服务器软件的 OPC 通信。

任务三　组态王与关系数据库连接

11.3.1　任务目标

熟悉数据源及数据库的建立，熟悉表格模板及记录体的创建，熟悉对数据库的连接、创建数据库表格、插入记录、查询记录、断开数据库连接等操作。

11.3.2　任务分析

通过 SQL 函数对数据库操作，实现组态王和数据库之间的数据连接和交换。

11.3.3 相关知识

组态王 SQL 访问功能是为了实现组态王和其他支持 ODBC（Open Database Connectivity，开放数据库互联）数据库之间的数据传输。它包括组态王 SQL 访问管理器、如何配置与数据库的连接、组态王与数据库连接和 SQL 函数的使用。

组态王 SQL 访问管理器用来建立数据库列和组态王变量之间的联系，包括表格模板和记录体两部分功能。通过表格模板在数据库中创建表格，表格模板信息存储在 SQL.DEF 文件中；通过记录体建立数据库表格列和组态王之间的联系，允许组态王通过记录体直接操纵数据库中的数据，这种联系存储在 BIND.DEF 文件中。

实现组态王与其他外部数据库（支持 ODBC 访问接口）进行数据传输，首先要在系统 ODBC 数据源中添加数据库，然后通过组态王 SQL 访问管理器和 SQL 函数实现各种操作。

组态王 SQL 函数可以在组态王的任意一种命令语言中调用。这些函数用来创建表格，插入、删除记录，编辑已有的表格，清空、删除表格，查询记录等操作。

11.3.4 任务实施

1. 创建数据源及数据库

首先外建一个数据库，这里我们选用 Access 数据库（路径：d:\peixun，数据库名为：mydb.mdb）。

然后，双击控制面板下的"管理工具\数据源（ODBC）"，弹出 ODBC 数据管理器对话框，选择"用户 DSN"属性页，单击"添加"按钮，在弹出的"创建新数据源"对话框中选择 Microsoft Access Driver（*.mdb），单击"完成"按钮，弹出如图 11-30 所示"ODBC Microsoft Access 安装"对话框。

定义数据源名为"mine"，单击"选择"按钮，从中选择相应路径下的数据库文件 mydb.mdb，单击"确定"按钮，完成对数据源的配置。

2. 创建表格模板

在工程浏览器窗口左侧工程目录显示区中选择"SQL 访问管理器\表格模板"选项，在右侧目

图 11-30 "ODBC Microsoft Access 安装"对话框

录内容显示区中双击"新建"图标，弹出"创建表格模板"对话框，如图 11-31 所示。在模板名称中输入"table1"，在对话框中建立"日期""时间""随机"三个字段，单击"确认"按钮完成表格模板的创建。

建立表格模板的目的是定义数据库格式，在后面用到 SQLCreateTable 函数时，以此格式在 Access 数据库中自动建立表格。

3. 创建记录体

在工程浏览器窗口左侧工程目录显示区中，选择"SQL 访问管理器\记录体"选项，在右侧目录内容显示区中双击"新建"图标，弹出"创建记录体"对话框，如图 11-32 所示。设置记录体名为"bind1"，增加"日期""时间""随机"三个字段，分别和数据词典中的"$日期"、"$时间"、"随机变量（亚控仿真 PLC 的随机寄存器）"相关联，单击"确认"按钮完成记录体的创建。

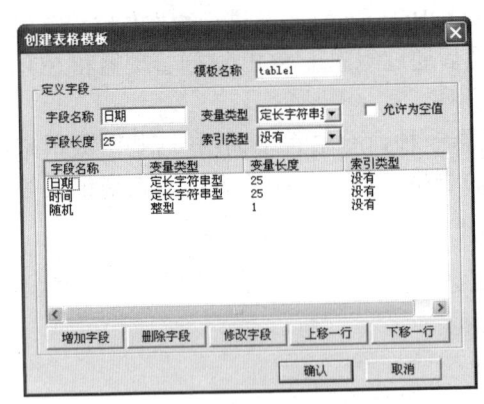

图 11-31 "创建表格模板"对话框 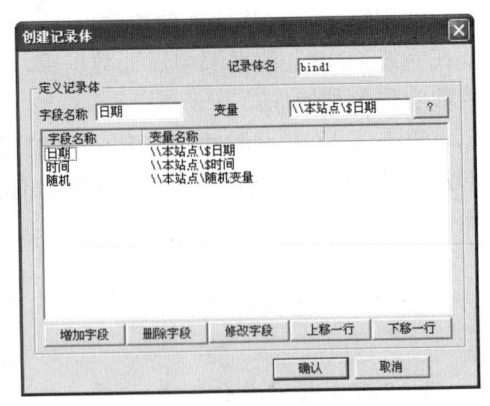　　图 11-32 "创建记录体"对话框

在记录体中定义了 Access 数据库表格字段与组态王变量之间的对应关系之后，即可将组态王中\\本站点\$日期变量值写到 Access 数据库表格日期字段中；将\\本站点\$时间变量值写到 Access 数据库表格时间字段中；将\\本站点\随机变量写到 Access 数据库表格随机字段中。

➡ 提示

◆ 记录体中的字段名称必须与表格模板中的字段名称保持一致，记录体中字段对应的变量数据类型必须和表格模板中相同字段对应的数据类型相同。

4. 对数据库的操作

（1）连接数据库。

① 在工程浏览器窗口的数据词典中定义一个内存整型变量。变量名为 DeviceID，变量类型为内存整型。

② 新建一画面，名称为"数据库操作画面"。

③ 选择工具箱中的文本工具，在画面上输入标题文字"数据库操作"。

④ 在画面中添加一按钮，按钮文本为"数据库连接"。

⑤ 在按钮的弹起事件中输入如图 11-33 所示的命令语言。命令语言的作用是使组态王与 mine 数据源建立连接（即与 mydb.mdb 数据库建立连接）。

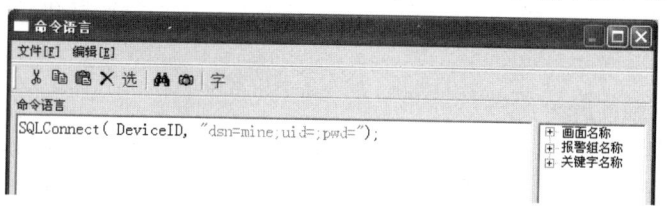

图 11-33 数据库连接命令语言

在实际工程中，可以将此命令写入"工程浏览器\命令语言\应用程序命令语言\启动时"中，即系统开始运行就会与数据库建立连接。

（2）创建数据库表格。

① 在上述的"数据库操作画面"中添加一按钮，按钮文本为"创建数据库表格"。

② 在按钮的弹起事件中输入如图 11-34 所示的命令语言。命令语言的作用是以表格模板"Table1"的格式在数据库中建立名为"KingTable"的表格。在生成的 KingTable 表格中，将生成三个字段，字段名称分别为日期、时间、随机，每个字段的变量类型、变量长度及索引类型与表格模板"Table1"中的定义一致。

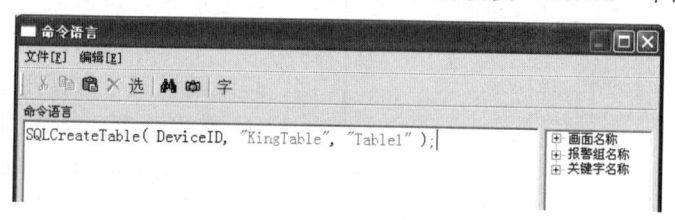

图 11-34 创建数据库表格命令语言

此命令语言只需执行一次即可，如果表格模板有改动，需要用户先将数据库中的表格删除才能重新创建。

在实际工程中，可以将此命令写入"工程浏览器\命令语言\应用程序命令语言\启动时"中，即系统开始运行就会在数据库中建立数据表格。

（3）插入记录。

① 在上述的"数据库操作画面"中添加一按钮，按钮文本为"插入记录"。

② 在按钮的弹起事件中输入如图 11-35 所示的命令语言。命令语言的作用是在表格 KingTable 中插入一条新的记录。按下此按钮后，组态王会将 bind1 中关联的组态王变量的当前值插入到 Access 数据库表格"KingTable"中，生成一条记录，从而达到了将组态王数据写到外部数据库中的目的。

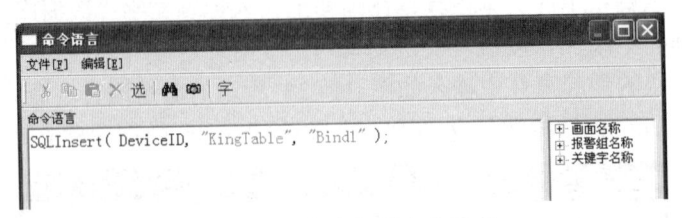

图 11-35 插入记录命令语言

(4) 查询记录。

用户如果需要将数据库中的数据调入组态王来显示,需要另外建立一个记录体,此记录体的字段名称要和数据库表格中的字段名称一致,连接的变量与数据库中字段的类型一致。

① 在工程浏览器窗口的数据词典中定义三个内存变量:记录日期(变量类型为内存字符串,初始值为空);记录时间(变量类型为内存字符串,初始值为空);记录随机(变量类型为内存实型,初始值为0)。

② 在"数据库操作画面"中添加三个文本框,在文本框的"字符串输出"、"模拟量值输出"动画中分别连接变量\\本站点\记录日期、\\本站点\记录时间、\\本站点\记录随机,用来显示查询出来的结果。

③ 在工程浏览窗口中定义一个记录体,记录体窗口属性设置如图 11-36 所示。记录体名为 bind2,日期、时间、随机三个字段分别和记录日期、记录时间、记录随机三个内存变量相关联。

④ 在"数据库操作画面"中添加一按钮,按钮文本为"得到选择集"。

⑤ 在按钮的弹起事件中输入如图 11-37 所示的命令语言。命令语言的作用是以记录体 bind2 中定义的格式返回 KingTable 表格中第一条数据记录。

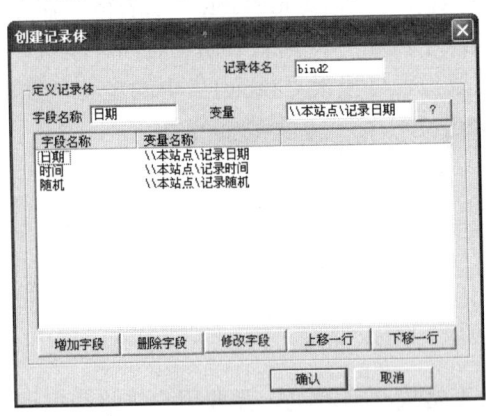

图 11-36 记录体属性设置对话框

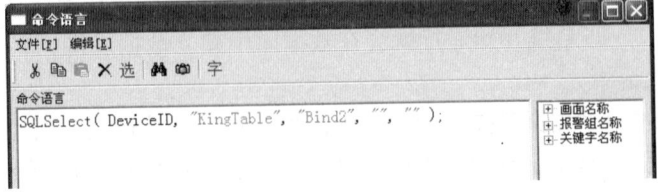

图 11-37 记录查询命令语言对话框

⑥ 单击菜单"文件\全部存"命令,保存所作的设置。

⑦ 单击菜单"文件\切换到 View"命令，进入运行系统。运行此画面，单击"得到选择集"按钮，数据库中的数据记录显示在文本框中，如图 11-38 所示。

⑧ 在"数据库操作画面"中添加 4 个按钮，按钮属性设置如表 11-2 所示。

图 11-38　数据库记录查询

表 11-2　按钮属性设置表

序号	按钮文本	"弹起时"动画连接命令语言	功　能
1	第一条记录	SQLFirst (DeviceID);	查询数据库中第一条记录
2	上一条记录	SQLPrev (DeviceID);	查询数据库中上一条记录
3	下一条记录	SQLNext (DeviceID);	查询数据库中下一条记录
4	最后一条记录	SQLLast (DeviceID);	查询数据库中最后一条记录

（5）断开连接。

① 在"数据库操作画面"中添加一按钮，按钮文本为"断开数据库连接"。

② 在按钮的弹起事件中输入如图 11-39 所示的命令语言。

图 11-39　断开数据库连接命令语言

在实际工程中，可以将此命令写入"工程浏览器\命令语言\应用程序命令语言\退出时"中，即系统退出后断开与数据库的连接。

对画面进行保存，最后生成的画面如图 11-40 所示（在画面中增加了对变量实时值的输出显示）。

在组态王运行系统启动后，打开数据库操作画面。单击"数据库连接"按钮，系统将建立以"mine"为数据源名的 Access 数据库 mydb.mdb 的连接。观察"组态王信息窗口"，连接成功后会出现一条信息："运行系统: SQL:

图 11-40　数据库操作画面

数据库（D:\PEIXUN\mydb）连接成功"。

单击"创建数据库表格"按钮，将在数据库中以表格模板"Table1"为格式建立表格"KingTable"。观察"组态王信息窗口"，信息提示："运行系统: SQL: 创建表格(KingTable)"。如果反复执行此命令则提示："运行系统: SQL ERROR: 表'KingTable'已存在。"

单击"插入记录"按钮，使用记录体 bind1 中定义的连接在表格 KingTable 中插入一条新的记录，记录当前的日期、时间及随机值。该命令可随时执行以记录变量的实时值，从而在表格中不断插入记录。

单击"得到选择集"按钮，该命令选择表格 KingTable 中所有符合条件的记录，并以记录体 bind2 中定义的连接返回选择集中的第一条记录。"组态王信息窗口"提示："运行系统: SQL:KingTable Select: 选择操作成功"。

单击"第一条记录"、"下一条记录"、"上一条记录"、"最后一条记录"按钮，从而返回选择集中的不同记录，返回记录中的字段值将赋给 bind2 中定义的相应变量，在画面中可以直接观察到不同的记录值。

当不需要对数据库进行操作的时候，单击"断开数据库连接"按钮，即可断开与数据库的连接。"组态王信息窗口"提示："运行系统: SQL:设备(D:\PEIXUN\mydb)断开连接"。

数据库操作的运行画面如图11-41所示。

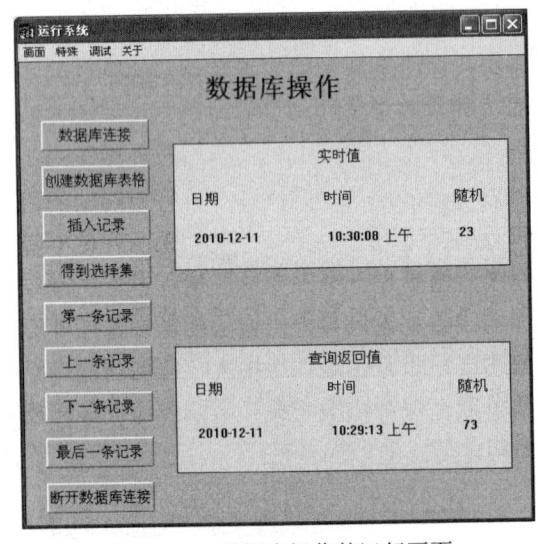

图 11-41　数据库操作的运行画面

11.3.5　问题讨论

（1）理解开放数据库互联（Open Database Connectivity，ODBC）的含义。
（2）熟悉数据源的配置过程以及 Access 数据库的基本操作。
（3）建立一个组态王工程，以实现对数据库的操作。

项目十二　　组态王网络连接与 Web 发布

📋 **项目任务单**

项目任务	1. 熟悉组态王的网络结构和 Web 功能； 2. 掌握组态王的网络配置方法； 3. 掌握在开发系统中设置 Web 属性的方法； 4. 熟悉在 IE 浏览器端浏览发布的画面。
工艺要求及参数	1. 在组态王网络工程中，能够正确进行网络配置； 2. 在开发系统中正确设置 Web 属性及 Web 发布； 3. 正确使用 IE 浏览器进行画面浏览和数据操作。
项目需求	1. 目前主流配置的微型计算机的网络环境； 2. 具备计算机网络基础知识； 3. IE 端需要安装 Microsoft Internet Explore 5.0 以上或者 Netscape 3.5 以上的浏览器。
提交成果	1. 组态王工程中服务器和客户端的网络连接配置及参数设置； 2. 在计算机网络发布指定组态王工程的画面及数据，并且能够成功访问发布画面。

任务一　网　络　连　接

12.1.1　任务目标

熟悉组态王的网络结构，掌握组态王的网络配置方法。

12.1.2　任务分析

组态王网络结构是真正的客户/服务器模式，客户机和服务器必须安装 Windows NT/2000/XP 操作系统并同时运行组态王软件（最好是相同版本的）。在配置网络时要绑定 TCP/IP 协议，即 PC 机必须首先是某个局域网上的站点并启动该网。

要实现组态王的网络功能，除了具备硬件设施外，还必须对组态王各个站点进行网络配置，设置网络参数并定义在网络上进行数据交换的变量、报警数据和历史数据的存储和引用等。

12.1.3　相关知识

组态王完全基于网络的概念，是一种真正的客户/服务器模式，支持分布式历

191

史数据库和分布式报警系统，可运行在基于 TCP/IP 协议的网络上，使用户能够实现上、下位机以及更高层次的厂级连网。

TCP/IP 网络协议提供了在不同硬件体系结构和操作系统的计算机组成的网络上进行通信的能力。一台 PC 机通过 TCP/IP 网络协议可以和多个远程计算机(即远程节点)进行通信。

组态王的网络结构是一种柔性结构，可以将整个应用程序分配给多个服务器，可以引用远程站点的变量到本地使用（显示、计算等），这样可以提高项目的整体容量结构并改善系统的性能。服务器的分配可以是基于项目中物理设备结构或不同的功能，用户可以根据系统需要设立专门的 I/O 服务器、历史数据服务器、报警服务器、登录服务器和 WEB 服务器等。组态王的网络结构如图 12-1 所示。

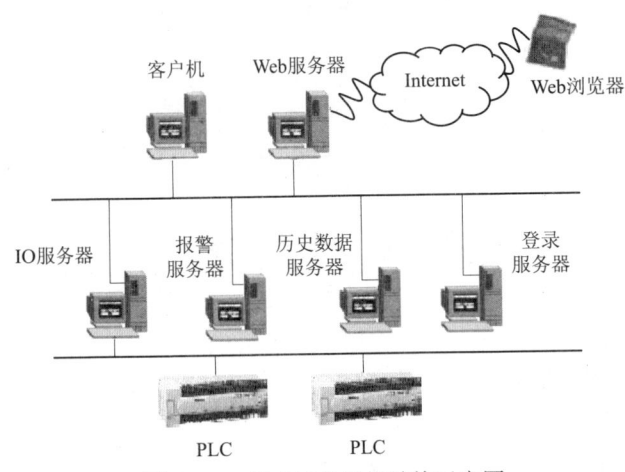

图 12-1 组态王的网络结构示意图

1. I/O 服务器

负责进行数据采集的站点，一旦某个站点被定义为 I/O 服务器，该站点便负责数据的采集。如果某个站点虽然连接了设备，但没有定义其为 I/O 服务器，那这个站点的数据照样进行采集，只是不向网络上发布。I/O 服务器可以按照需要设置为一个或多个。

2. 报警服务器

存储报警信息的站点，一旦某个站点被指定为一个或多个 I/O 服务器的报警服务器，系统运行时，I/O 服务器上产生的报警信息将通过网络传输到指定的报警服务器上，经报警服务器验证后，产生和记录报警信息。报警服务器可以按照需要设置为一个或多个。报警服务器上的报警组配置应当是报警服务器和与其相关的 I/O 服务器上报警组的合集。如果一个 I/O 服务器不作为报警服务器，系统中也没有报警服务器，系统运行时，该 I/O 服务器的报警窗上不会看到报警信息。

3. 历史数据服务器

与报警服务器相同，一旦某个站点被指定为一个或多个 I/O 服务器的历史数据服务器，系统运行时，I/O 服务器上需要记录的历史数据便被传送到历史数据服务器站点上，保存起来。对于一个系统网络来说，建议用户只定义一个历史数据服务器，否则会出现客户端查不到历史数据的现象。

4. 登录服务器

登录服务器在整个系统网络中是唯一的。它拥有网络中唯一的用户列表，其他站点上的用户列表在正常运行的整个网络中将不再起作用。所以用户应该在登录服务器上建立最完整的用户列表。当用户在网络的任何一个站点上登录时，系统调用该用户列表，登录信息被传送到登录服务器上，经验证后，产生登录事件。然后，登录事件将被传送到该登录服务器的报警服务器上保存和显示。这样，保证了整个系统的安全性。另外，系统网络中工作站的启动、退出事件也被先传送到登录服务器上进行验证，然后传到该登录服务器的报警服务器上保存和显示。

5. WEB 服务器

WEB 服务器是运行组态王 WEB 版本、保存组态王 For Internet 版本发布文件的站点，传送文件所需数据，并为用户提供浏览服务的站点。

6. 客户

如果某个站点被指定为客户，可以访问其指定的 I/O 服务器、报警服务器、历史数据服务器上的数据。一个站点被定义为服务器的同时，也可以被指定为其他服务器的客户。

一个工作站站点可以充当多种服务器功能，如 I/O 服务器可以被同时指定为报警服务器、历史数据服务器、登录服务器等。报警服务器可以同时作为历史数据服务器、登录服务器等。

7. 校时服务器

除了上述几种服务器和客户机之外，组态王为了保持网络中时钟的一致，还可以定义校时服务器，校时服务器按照指定的时间间隔向网络发送校时帧，以统一网络上各个站点的系统时间。

提示

◆ 工程人员要实现组态王的网络功能，必须将组态王安装在网络版 Windows 98/2000/NT/XP 上，并在配置网络时绑定 TCP/IP 协议，即利用组态王网络功能的 PC 机必须首先是某个局域网上的站点并启动该网络。

◆ 工程人员还必须在客户机和服务器上均安装并运行组态王（除 Internet 版本的客户端）。

12.1.4 任务实施

要实现组态王的网络功能，除了具备网络硬件设施外，还必须对组态王各个站点进行网络配置，设置网络参数，并且定义在网络上进行数据交换的变量，报警数据和历史数据的存储和引用等。下面以一台服务器和一台客户机的网络通信工程实例来说明组态王的网络配置及应用。

> **提示**
>
> ◆ 远程站点上的工程所在的路径的文件夹必须设置为完全共享，否则会出现开发系统读取远程变量失败的现象。并且远程站点的组态王工程的网络配置中必须设置为"连网"。否则建立系统会出现提示"不能加入单机版工程的面板"。

1. 服务器配置

（1）将组态王的网络工程（例如 D:\我的工程）设置为完全共享。

（2）配置站点的网络参数。进入数据服务器站点上的工程浏览器，选择菜单"配置\网络设置"，或者在目录显示区中，选择大纲项"系统配置\网络配置"，双击网络配置图标，弹出"网络配置"对话框，如图 12-2 所示。在"网络参数"属性页中选择"连网"模式。在"本机节点名"中输入本机的计算机名称或 IP 地址，如在本例中计算机名为"数据服务器"。其他网络参数按照默认值，不必修改。

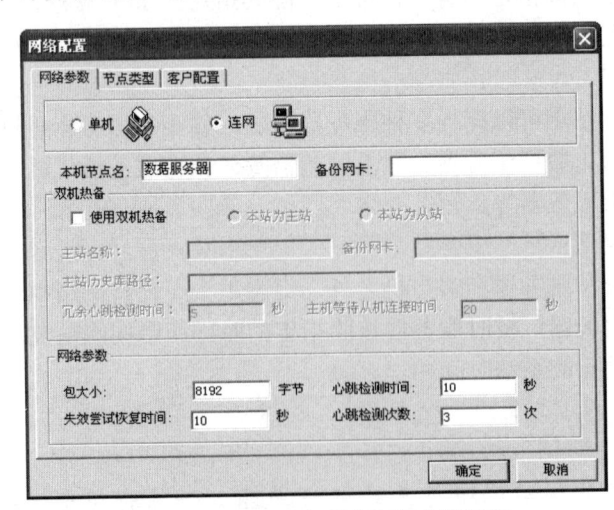

图 12-2 数据服务器中网络参数配置

> **提示**
>
> ◆ "本机节点名"中填写的必须是计算机的名称或本机的 IP 地址。

（3）配置节点类型。在"节点类型"属性页中选择"本机是登录服务器""本机是I/O服务器""进行历史数据备份""本机是报警服务器""本机是历史记录服务器"选项，如图12-3所示。为了保证网络时钟的一致，也可以在这里选择"本机是校时服务器"，然后输入校时间隔，或按默认值设置即可。配置完成后，单击"确定"按钮，关闭对话框。

2. 客户端计算机配置

（1）首先在装有组态王软件的客户端机器中新建立一个工程，工程名为"客户端工程"，并打开工程。

（2）连接服务器。单击工程浏览器窗口最左侧"站点"标签，进入站点管理界面。在左边的节点名称列表区域单击鼠标右键，在弹出的下拉菜单中执行"新建远程站点"命令，弹出"远程节点"对话框，如图12-4所示。单击"读取节点配置"按钮，在弹出的浏览文件夹窗口中选择在服务器中共享的网络工程（D:\我的工程\工程1），此时服务器的配置信息会自动显示出来，确认读到的信息无误后，单击"确定"按钮关闭对话框。如图12-5所示，在客户端的"站点"界面上出现了一个"数据服务器"的信息，单击"数据词典"，就可以直接看到远程数据服务器上的变量。

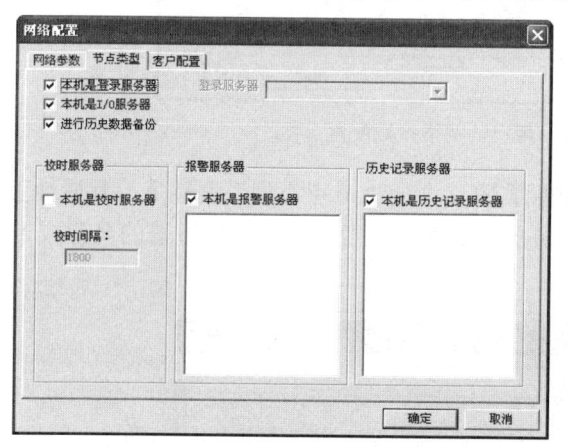

图12-3　数据服务器节点类型配置 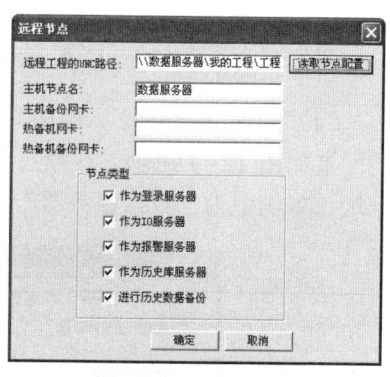　　　　图12-4　客户端远程节点内容设置

图12-5　增加远程站点后的显示信息

（3）配置客户端的网络参数。进入客户端工程的工程浏览器，选择系统菜单中"系统配置\网络设置"，弹出"网络配置"对话框，如图 12-6 所示。选择"连网"模式，在"本机节点名"文本框中输入本机节点名，本例中为"数据采集站"。其他选项不用修改，为默认值即可。

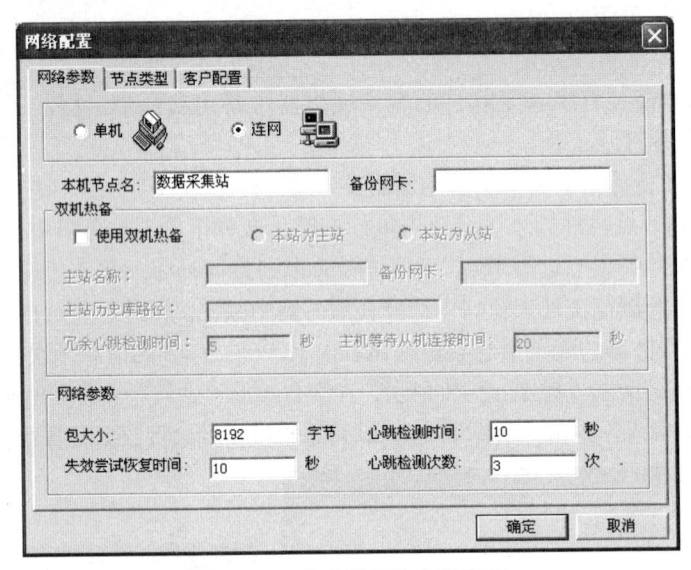

图 12-6　客户端网络参数配置

（4）配置节点类型。单击网络配置窗口中的"节点类型"属性页，其属性页的配置如图 12-7 所示。在登录服务器中后面的下拉框中选择服务器的名称或 IP 地址，本例中为"数据服务器"。

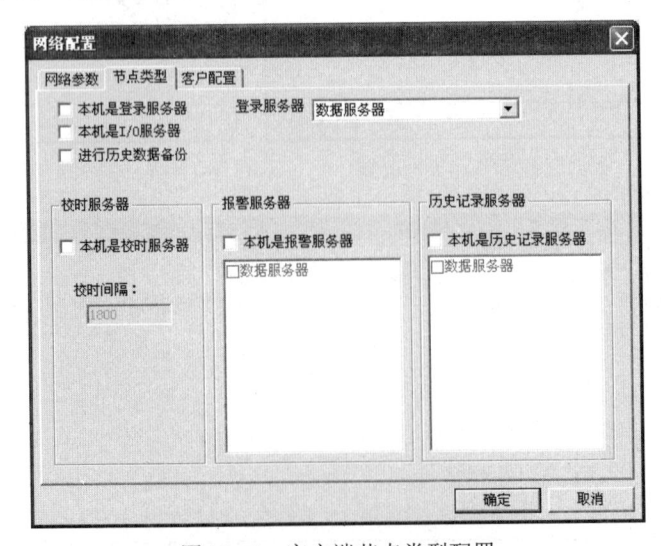

图 12-7　客户端节点类型配置

（5）客户配置。单击网络配置窗口中的"客户配置"属性页，如图 12-8 所示。选中"客户"名称前的复选框，然后再选择"I/O 服务器""报警服务器"和"历史记录服务器"中的"数据服务器"复选框。配置参数完成后，单击"确定"按钮，关闭网络配置对话框确认设置。从而本机器既是 I/O 服务器的客户端又是报警服务器和历史记录服务器的客户端。

客户端网络配置完成后，在客户端就可以访问服务器上的变量了。

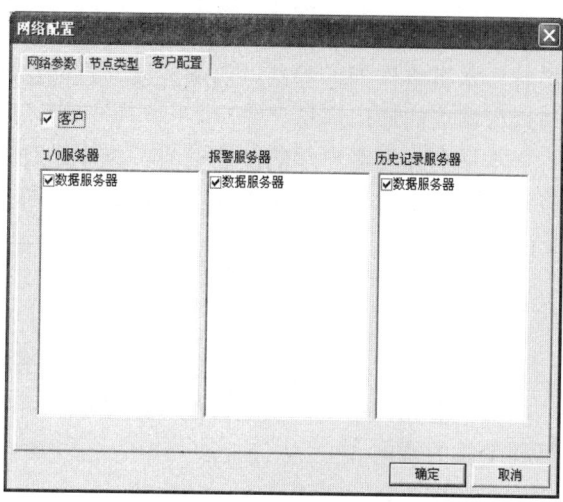

图 12-8　客户端客户配置

至此，所有网络的配置全部完成，下一步就是进行具体网络工程的制作了，详细情况请参考《组态王使用手册》。

提示

◆ 在运行客户端之前必须首先运行数据服务器。

12.1.5　知识进阶

网络精灵是组态王软件网络间通信的工具，数据的收发过程都是通过该程序实现。在网络工程中，各站点进行通信时，用户可以通过网络精灵来查看通信是否正常。组态王工程一旦定义为"连网"形式，启动运行系统时，网络精灵应用程序将自动启动，对网络通信状态进行监视。网络精灵是以最小化方式启动运行的，可以双击系统托盘里的" "图标，显示网络精灵运行界面，如图 12-9 所示。

网络工程上的每一个站点启动后都有一个网络精灵，网络精灵中共有三个信息页，可以显示三个方面的信息。

本站点网络配置信息：包含显示开发系统"网络配置"中定义的"本机节点名"和"备份网卡"信息，当本节点分别作为服务器和客户端时建立的连接数量等信息。

图 12-9　网络精灵——本站点信息

本站点作为服务器的网络信息：当远程计算机在"站点"中与本机建立了连接时，本机将作为远程站点的服务器，在网络精灵中将详细列出本机作为服务器与远程站点的通信信息。

本站点作为客户端的网络信息：当本地计算机作为客户端时，在网络精灵中将详细列出本机与远程站点（服务器端）的通信信息。

12.1.6 问题讨论

（1）正确区分网络连接中常用站点的几个概念。

（2）总结组态王网络连接配置的步骤，并实际配置一个网络工程，能够实现远程变量的访问。

任务二 Web 发 布

12.2.1 任务目标

熟悉组态王的 Web 功能，掌握在开发系统中设置 Web 属性，熟悉在 IE 浏览器端浏览发布的画面。

12.2.2 任务分析

随着 Internet 科技日益渗透到生活、生产的各个领域，传统自动化软件的趋势已发展成为整合 IT 与工业自动化的关键。组态王 6.53 提供了 For Internet 应用版本——组态王 Web 版，支持 Internet/Intranet 访问。组态王 Web 功能采用 B/S 结构，客户可以随时随地通过 Internet/Intranet 实现远程监控，可以更为方便地得到最全面、最及时的现场信息。组态王的 For Internet 应用，实现了对客户信息服务的动态性、实时性和交互性需求。

12.2.3 相关知识

1. 组态王 6.53 Web 功能介绍

组态王 6.53 的 Web 可以实现画面发布和数据发布。数据发布是组态王 6.53 Web 的新增功能。Web 发布功能保留了原有组态王 6.51 Web 的所有功能和技术特性。组态王原有的 Web 功能是基于画面的 Web 发布，对于实时数据、历史数据、数据库信息，服务端组态王必须发布包含相应信息的画面，IE 客户端才能得到相关的数据信息。而且由于 Web 发布时不支持 Active 控件，使得客户端并不能方便的进行数据和曲线的浏览。

组态王 6.53 新增了数据发布的功能，服务端组态王可以不必发布画面，IE 客户端就可以在 IE 上浏览数据列表信息和相关曲线信息，具有数据直观，功能齐全，操作简便的特点。该功能是一个嵌入在组态王中的独立模块，可以实现实时数据、历史数据、数据库数据的 Web 发布。组态王能够发布如下数据信息：实时数据视图、实时曲线视图、历史数据视图、历史曲线视图、数据库数据视图和数据库时间曲线视图。

➡️ 提示

◆ 进行 Web 发布的工程，必须放在硬盘根目录下，而不能放到桌面、我的文档等系统文件夹下。

2. JRE 插件安装

使用组态王 Web 画面发布功能需要 JRE 插件支持,如果客户端没有安装 SUN 公司的 Java(TM) SE Runtime Environment 6 Update 1（Java 运行时环境插件），则在 IE 地址栏中第一次输入正确的地址并连接成功后，系统会弹出一个 JRE 插件的安装界面，将这个插件安装成功后方可进行浏览。该插件只需安装一次，安装成功后会保留在系统上，以后每次运行直接启动，而不需重新安装 JRE。安装 JRE 插件的步骤如下：

（1）IE 安全设置中必须保证"运行 ActiveX 控件和插件"为"启用"状态，IE 的缺省设置就是启用的，所以一般可以省去这一步。

（2）在 IE 地址栏内输入浏览发布画面的地址后，如果是没有安装 JRE 插件，浏览器会弹出安装提示的对话框，用户选择"接受"按钮，进行 JRE 插件的安装。

（3）安装成功后，在控制面板中添加了一项"Java(TM) SE Runtime Environment 6 Update 1"。用户就可以通过该项对 Java 插件的参数进行设置。一般情况下用户不要修改与组态王相关的设置，采用默认设置即可。

12.2.4 任务实施

1. 站点信息及 LOGO 信息的设置

进入组态王工程浏览器界面。工程浏览器窗口左侧的目录树的最后一个节点为 Web 目录，双击 Web 目录，将弹出"页面发布向导"对话框，如图 12-10 所示。

端口号是指 IE 与运行系统进行网络连接的应用程序端口号，默认为 8001。

如果所定义的端口号与本机的其他程序的端口号出现冲突，用户可以按照实际情况进行修改。

▶ 提示

◆ Web 发布站点的机器名称请不要使用中文名称，否则在使用 IE 进行浏览时操作系统将不支持。

◆ Web 发布后文件保存的路径，在组态王中默认为当前工程的路径，不可修改。定义发布后，将在工程路径下生成一个"Webs"目录，Web 发布的信息保存在该目录下。

2. 画面发布

在组态王 6.53 Web 的画面发布中，发布功能采用分组方式。可以将画面按照不同的需要分成多个组进行发布，每个组都有独立的安全访问设置，可以供不同的客户群浏览。

图 12-10 "页面发布向导"对话框

在工程管理器中选择"Web"目录，在工程管理器的右侧窗口双击"新建"图标，弹出"WEB 发布组配置"对话框，如图 12-11 所示。

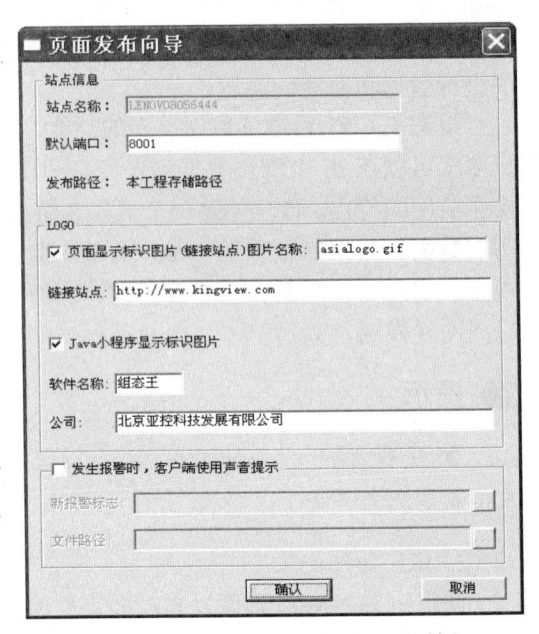

图 12-11 "WEB 发布组配置"对话框

组名称是 Web 发布组的唯一的标识，由用户指定，同一工程中组名不能相同，且组名只能使用英文字母和数字的组合。组名称的最大长度为 31 个字符。

在对话框中单击"――≫"或"≪――"按钮可添加或删除发布的画面。

如果登录方式选择"匿名登录"选项，在打开 IE 浏览器时不需要输入用户名和密码即可浏览组态王中发布的画面，如果选择"身份验证"选项，就必须输入用户名和密码（这里的用户名和密码指的是在图 12-11 中"用户配置"设置的用户名和密码）。对于普通用户来说，只能浏览画面不能做任何操作，而高级用户登录后不仅可以浏览画面还可修改数据、操作画面中的对象。

Web 上使用的内部变量只能是组态王内存变量（且不能是内存结构变量）。在 IE 上操作这些变量的时候，不影响运行系统和其他 IE 客户端上的同名变量。

完成上述配置后，点击"确定"按钮，关闭对话框，系统生成发布画面。

➡ 提示

◆ 在开发系统中对画面的每一次更改，如果发布组中包含该画面，则需要重新发布该发布组。方法为打开"WEB 发布组配置"对话框，直接确定，然后重新启动组态王运行系统即可。

3. 在 IE 端浏览 Web 发布画面

在开发系统发布画面后，Web 画面发布的主要工作已经完成。在进行 IE 浏览之前，用户需要先添加信任站点。

双击系统控制面板下的 Internet 选项或者直接在 IE 中选择"工具\Internet 选项\安全\受信任的站点"命令，然后单击"站点"按钮，弹出如图 12-12 所示窗口，在此添加受信任站点。

在"将该网站添加到区域中"输入框中，输入进行组态王 Web 发布的机器名或 IP 地址，取消"对该区域中的所有站点要求服务器验证"选项的选择，单击"添加"按钮，再单击"确定"按钮，即可将该站点添加到信任域中。

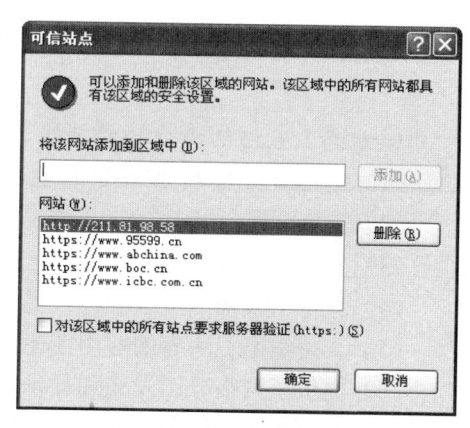

图 12-12 添加受信任的站点

接下来就可以使用 IE 浏览器进行画面浏览和数据操作了，操作步骤如下：
（1）启动组态王运行程序。
（2）打开 IE 浏览器，在浏览器的地址栏中输入地址，地址格式为：
http://发布站点机器名（或 IP 地址）:组态王 Web 定义端口号
如果定义的端口号为 8001 时，可以省略端口号不输入。

如输入 http://211.81.98.58:8001，结果如图 12-13 所示。

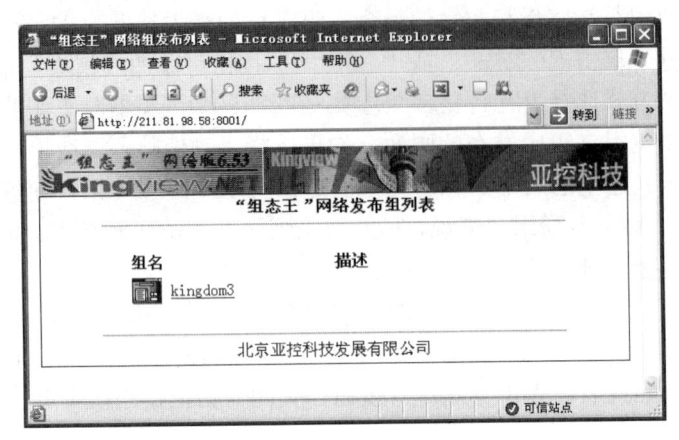

图 12-13 画面浏览界面

在该界面中，列出了当前工程的所有发布组及组的描述，用户可以选择进入。在发布组界面上选择需要浏览的组名称，如果先前选择的是"用户验证"方式，那么系统就会弹出用户登录对话框，在对话框中需要输入用户名和密码，然后确认，系统界面上的验证用户信息、下载相关资源、下载相关数据等进度条依次显示当前正在进行的操作。初始化完成后，进入系统画面列表界面，如果设置了初始画面的话，则直接进入初始画面。

12.2.5　知识进阶

1. 组态王 6.53 Web 支持的功能

（1）支持组态王 6.53 中所有基本图形。

（2）支持无限色。

（3）支持渐变色填充。

（4）支持粗线条、虚线等线条类型。

（5）支持组态王所有的通用图库。

（6）提供了网络分组发布和显示定制。

（7）实现了网络浏览的多画面集成显示。

（8）实现了画面的动态加载和实时显示。

（9）支持组态王报表显示和报表运算。

（10）支持历史曲线、实时曲线。

（11）支持报警窗口。

（12）支持在线命令语言，实现远程控制。

（13）支持画面在线打印。

（14）支持报表打印。

（15）支持点位图（最好使用 BMP 的位图）。

（16）支持多级菜单。

2. 组态王 6.53 Web 支持的函数

（1）字符串函数：

Dtext, StrASCII, StrChar, StrFromInt, StrFromReal, StrFromTime, StrInStr, StrLeft, StrLen, StrLower, StrMid, StrReplace, StrRight, StrSpace, StrToInt, StrToReal, StrTrim, StrType, StrUpper, Text。

（2）数学函数：

Abs, ArcCos, ArcSin, ArcTan, Cos, Exp, Int, LogE, LogN, Max, Min, PI, Pow, Sgn, Sin, Sqrt, Trunc, Bit, BitSet, Average, Sum。

（3）历史趋势曲线函数：

HTGetPenName, HTGetPenRealValue, HTGetTimeAtScooter, HTGeTvalue, HTGetValueAtScooter, HTGetValueAtZone, HTScrollLeft, HTScrollRight, HTSetLeftScooterTime, HTUpdateToCurrentTime, HTZoomIn, HTZoomOut, SetTrendPara。

（4）报表函数：

ReportGetCellString, ReportGetCellValue, ReportGetColumns, ReportGetRows, ReportPrint2, ReportSetCellString, ReportSetCellString2, ReportSetCellValue, ReportSetCellValue2, ReportSetHistData。

（5）系统函数：

HTConvertTime, ShowPicture, ClosePicture, HidePicture, LogOn, Ack, PrintWindow。

3. 组态王 6.53 Web 不支持的功能

（1）控件，包括组态王内置控件和 ActiveX 控件。

（2）自定义函数、自定义变量。

（3）配方函数。

（4）SQL 数据库函数。

（5）控件函数。

（6）应用程序命令语言，数据改变命令语言，事件命令语言，热键命令语言，自定义函数命令语言，画面命令语言。

（7）按钮类型只能为标准类型，按钮风格只能为标准风格和按钮透明，支持按钮正常状态位图等。

虽然组态王 6.53 Web 有些功能还不支持，但是亚控科技有限公司的技术人员表示，在组态王下一个升级版本的 Web 中将支持所有组态功能，并且组态王发布时支持打包发布，使得组态王的发布变得更加简单，功能更加强大。

12.2.6 问题讨论

（1）制作一个发布页面，并在联网的其他计算机上实现远程登录与控制。

（2）总结组态王 Web 发布的操作步骤，并说出在此过程中容易出现错误的地方。

（3）参考《组态王使用手册》，了解组态王 Web 发布的其他相关内容。

项目十三　　冗余功能

项目任务单

项目任务	1. 了解双设备冗余的概念，并熟悉如何定义主、从设备； 2. 了解双机热备的功能及结构原理，掌握双机热备中主、从机网络配置及双机热备状态变量的使用； 3. 熟悉双网络冗余中网卡的配置和组态王中网络的配置。
工艺要求及参数	1. 主、从设备定义完成后，通过运行系统加以验证主、从设备工作的有效性； 2. 正确配置双机热备中的主、从机网络，并在运行系统中验证其有效性； 3. 正确配置双网络冗余中的网卡以及组态王中的网络配置。
项目需求	1. 具有双网卡联网的计算机网络环境； 2. I/O 设备的定义方法； 3. 组态王的网络连接。
提交成果	1. 建立一个主、从设备有效运行的组态王工程； 2. 在联网的计算机上完成双机热备功能的实现； 3. 在双网卡联网的环境中完成网卡的配置和组态王中网络的配置，实现双网络冗余。

任务一　双设备冗余

13.1.1　任务目标

了解双设备冗余的概念，并熟悉如何定义主、从设备。

13.1.2　任务分析

关于设备的定义在"项目二　I/O 设备管理"中已进行了详细介绍，这里只是要注意主、从设备定义时的一些区别及注意事项，以便提高工程系统可靠性。

13.1.3　相关知识

组态王提供全面的冗余功能，能够有效地减少数据丢失的可能，增加了系统的可靠性，方便了系统维护。组态王提供三重意义上的冗余功能，即双设备冗余、

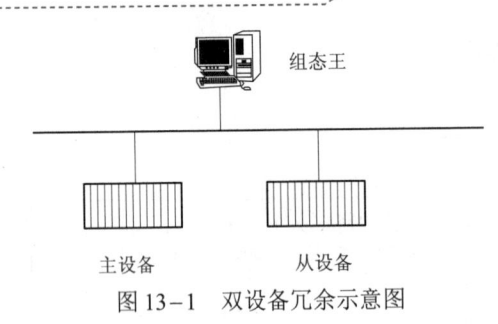

双机热备和双网络冗余。

双设备冗余是指设备对设备的冗余，即两台相同的设备之间的相互冗余。对于用户比较重要的数据采集系统，用户可以用两个完全一样的设备同时采集数据，并与组态王通信。双设备冗余系统结构示意如图13-1所示。

图13-1 双设备冗余示意图

正常情况下，主设备与从设备同时采集数据，但组态王只与主设备通信，若与主设备通信出现故障，组态王将自动断开与主设备的连接，与从设备建立连接，从设备由热备状态转入运行状态，组态王通过从设备采集数据。此后，组态王一边与从设备通信，一边监视主设备的状态，当主设备恢复正常后，组态王自动停止与从设备的通信，与主设备再次建立通信，从设备又处于热备状态。

双设备冗余要求从设备与主设备应完全一样，即两台设备要完全处于热备状态，而且组态王中在定义该设备的I/O变量时，只能定义变量与主设备建立连接，而从设备无需定义变量，完全是对主设备的冗余。

具体地说双设备冗余主要是实现数据的不间断采集。由于采用了设备冗余，因此一旦主设备通信出现中断，从设备可以迅速与组态王进行通信，从而保持数据的完整性。

13.1.4 任务实施

1. 从设备定义

从设备的设置与一般的I/O设备设置方法相同，工程人员根据设备配置向导就可以完成从设备的配置，具体设置方法请参见"项目二 I/O设备管理"。例如在COM1口上定义一个逻辑名为"从设备7018"的泓格7018模块设备，如图13-2所示。

2. 主设备定义

主设备的设置与一般的I/O设备设置方法也大致相同，工程人员根据设备配置向导就可以完成主设备的配置，唯一不同的是在"设备配置向导——逻辑名称"页中，需要指定主设备的冗余设备的逻辑名称，如图13-3所

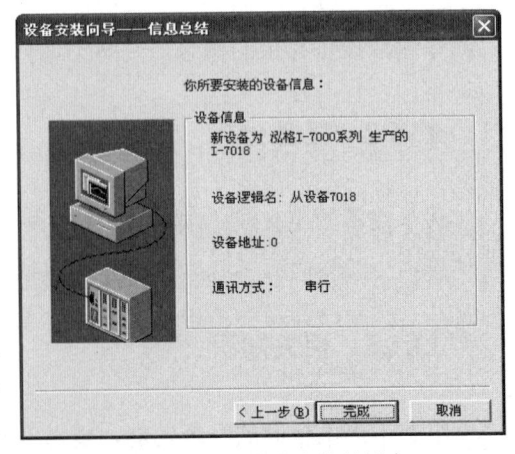

图13-2 定义完成的从设备

示，选中"指定冗余设备"选项，"冗余设备逻辑名"列表框就会变为可见，可从下拉列表中选出刚刚定义的设备"从设备7018"作为该设备冗余设备。

另外，对组态王来说，两个冗余的设备实际上是独立的两个设备，因此设备的地址不同。定义完成的主设备信息如图13-4所示。

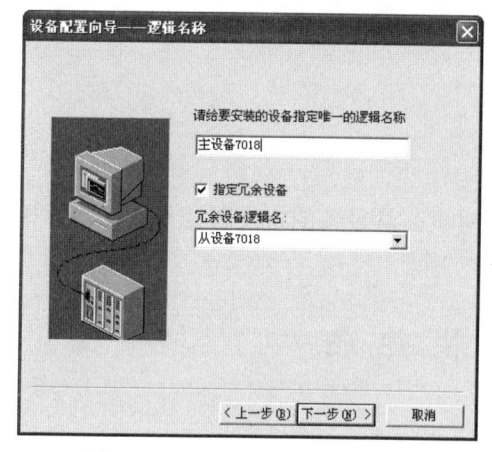

图13-3 指定主设备的冗余设备 　　　　图13-4 定义完成的主设备

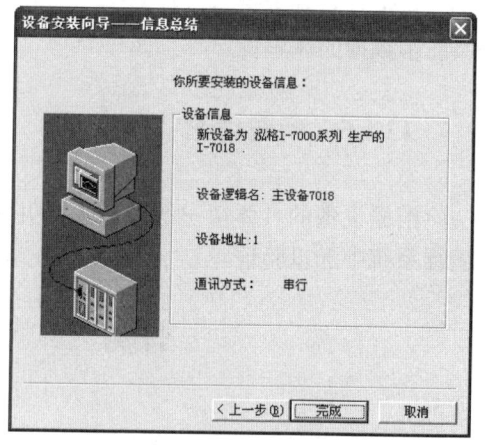

提示

◆ 工程人员给要配置的主设备指定一个与从设备不同的逻辑名称。

◆ 从设备与主设备不仅是设备应完全一致，而且两者状态应完全一致，例如采集的数据，数据类型等。

◆ 双设备冗余设置一般先定义从设备，然后再定义主设备，定义主设备时可将已定义的设备定义为从设备。也可以同时将两个设备都定义，然后再指定主、从设备。

◆ 对于双设备冗余的设备驱动程序，需要在原有驱动程序的基础上稍加修改，如有双设备冗余，请与亚控公司技术支持部门联系。

3. 变量定义

工程人员在数据词典中定义的变量，必须要和主设备相连接，从设备不能定义任何变量。关于I/O变量的定义请参见"项目三 变量定义和管理"。

运行系统启动后，可以从组态王信息窗中看到设备初始化信息，和当主设备出现故障时，切换到从设备的提示信息。如：

运行系统：打开通信设备成功！

运行系统：设备初始化成功——主设备7018

运行系统：打开通信设备成功！

运行系统：设备初始化成功——从设备7018

运行系统：开始记录历史数据！
运行系统：设备"主设备7018"通信失败！
运行系统：主设备失效，启动从设备。
……

系统判断到主设备出现故障，直接启动从设备，实现了数据的不间断采集，保证了数据的完整性。

13.1.5 问题讨论

根据设备的具体情况练习双设备冗余时主、从设备的定义和变量定义，并在运行系统中加以验证。

任务二 双机热备

13.2.1 任务目标

了解双机热备的功能及结构原理，掌握双机热备中主、从机网络配置及双机热备状态变量的使用。

13.2.2 任务分析

在具备了组态王网络连接知识的基础上，进一步掌握双机热备中主、从机网络配置，以便提高工程系统可靠性。

13.2.3 相关知识

双机热备的构造思想是主机和从机通过TCP/IP网络连接，正常情况下主机处于工作状态，从机处于监视状态，一旦从机发现主机异常，从机将会在很短的时间之内代替主机，完全实现主机的功能。例如，I/O服务器的热备机将进行数据采集，报警服务器的冗余机将产生报警信息并负责将报警信息传送给客户端，历史记录服务器的冗余机将存储历史数据并负责将历史数据传送给客户端。当主机修复，重新启动后，从机检测到了主机的恢复，会自动将主机丢失的历史数据拷贝给主机，同时，将实时数据和报警缓冲区中的报警信息传递给主机，然后从机将重新处于监视状态。这样即使是发生了事故，系统也能保存一个相对完整的数据库、报警信息和历史数据等。

1. 双机热备的功能

组态王的双机热备主要实现以下功能：

（1）实时数据的冗余

（2）历史数据的冗余

（3）报警信息的冗余

（4）用户登录列表的冗余

组态王提供了系统变量"$双机热备状态"变量来表征主从机的状态。在主机上，该变量的值为正数，在从机上，该变量的值为负数。

在使用双机热备之前，应先进行双机热备的配置。

提示

◆ 组态王实现双机热备时，主机与从机的组态王工程文件应该完全一致。

2. 双机热备的结构原理

如图 13-5 所示，为双机热备的系统结构图。双机热备主要是实时数据、报警信息和变量历史记录的热备。主、从机都正常工作时，主机从设备采集数据，并产生报警和事件信息。从机通过网络从主机获取实时数据和报警信息，而不会从设备读取或自己产生报警信息。主、从机都各自记录变量历史数据。同时，从机通过网络监听主机，从机与主机之间的监听采取请求与应答的方式，从机以一定的时间间隔（冗余机心跳检测时间）向主机发出请求，主机应答表示工作正常。主机如果没有作出应答，从机将切断与主机的网络数据传输，转入活动状态，改由下位设备获取数据，并产生报警和事件信息。此后，从机还会定时监听主机状态，一旦主机恢复，就切换到热备状态。

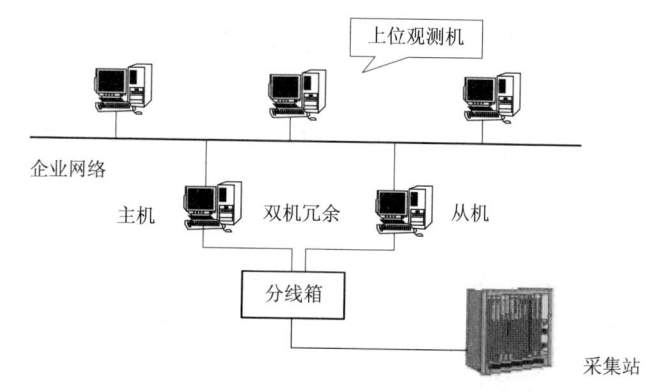

图 13-5 单机版双机热备系统结构

当主机正常运行，从机后启动时，主机先将实时数据和当前报警缓冲区中的报警和事件信息发送到从机上，完成实时数据的热备份。然后主从机同步，暂停变量历史数据记录，从机从主机上将所缺的历史记录文件通过网络拷贝到本地，完成历史数据的热备份。这时可以在主从机组态王信息窗中看到提示信息"开始备份历史数据"和"停止备份历史数据"。历史数据文件备份完成后，主从机转入正常工作状态。

当从机正常运行，主机后启动时，从机先将实时数据和当前报警缓冲区中的报警和事件信息发送到主机上，完成实时数据的热备份。然后主从机同步，暂停变量历史数据记录，主机从从机上将所缺的历史记录文件通过网络拷贝到本地，完成历史数据的热备份。这时也可以在主从机的组态王信息窗中看到提示信息"开始备份历史数据"和"停止备份历史数据"。历史数据文件备份完成后，主从机转入正常工作状态。双机热备历史数据热备的结构图如图13-6所示。

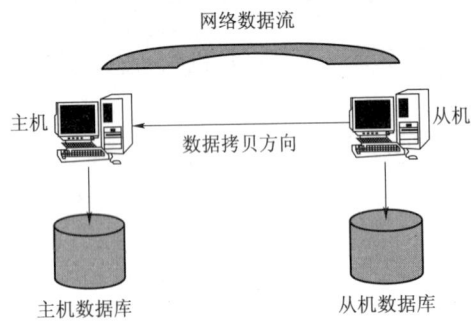

图13-6 历史数据冗余

双机热备中，需要各台计算机保持时钟一致，这里就牵扯到校时服务器的概念，一般的设置是将主机和从机都设置为校时服务器，主机工作时主机采取广播的方式以一定的时间间隔向各台机器发送校时桢，保持网络时钟的统一。而当主机失效时，从机将代替主机成为网络的校时服务器。

提示

◆ 主从机都正常工作时，在从机上修改变量的值不会引起主机变量值的改变。
◆ 主从机都正常工作时，从机上的命令语言正常执行。
◆ DDE设备无法实现双机热备。

3. 网络工程的冗余

对于网络工程，即整个工程的所有功能分别由专用服务器来完成时，可以根据系统的重要性来决定对哪些服务器采取冗余。例如，对于实时数据采集非常重要，而历史数据和报警信息不是很重要的系统来说，可以只对I/O服务器设置冗余，如果历史数据和报警信息也同样重要的话，则需要分别设置I/O服务器、历史记录服务器和报警服务器的冗余机。网络结构示意如图13-7所示。

在这种网络结构和冗余结构中，实时数据的冗余由I/O服务器主机和I/O服务器从机来完成，实时数据的冗余与单机版工程的实时数据冗余相同；历史数据的冗余由历史记录服务器主机和历史记录服务器从机来完成；报警信息的冗余由报警服务器主机和报警服务器从机来完成。

对报警服务器和历史记录服务器的冗余来说，从机没有监视状态，即报警服务器从机和历史记录服务器从机与它们的主机一样，同时从I/O服务器上取数据，

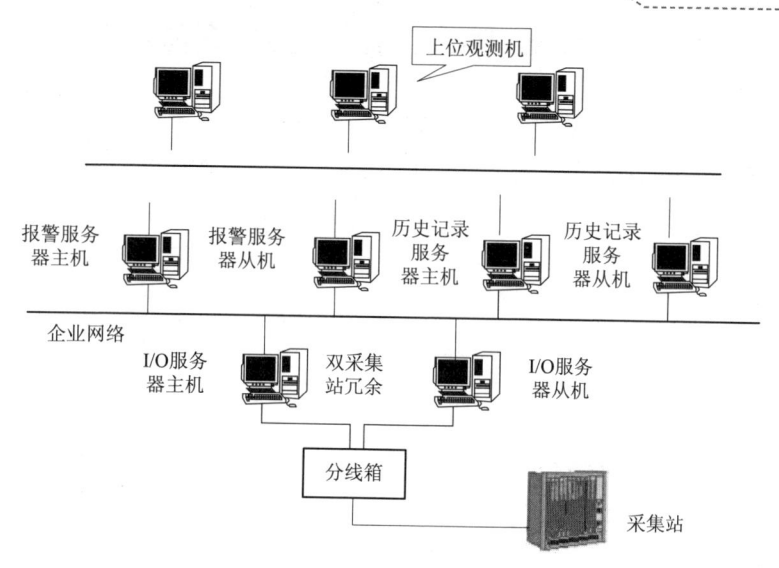

图 13-7 I/O、报警、历史记录服务器的冗余

在报警服务器从机上同样生成报警信息，并在报警服务器主机停止工作时，向客户机传送报警信息；在历史记录服务器上同样存储历史记录，并在历史记录服务器主机停止工作时，向客户机传送历史数据。

对于客户端来说，只需要指定其 I/O 服务器、报警服务器和历史记录服务器的主机，当这些主机出现故障时，客户端会自动转为与相应的从机通信。

13.2.4 任务实施

双机热备配置包括三个要素：主机网络配置，从机网络配置和变量"$双机热备状态"的使用。

1. 主机网络配置

（1）在主机上选择组态王工程浏览器中的"网络配置"项，双击该项，弹出如图 13-8 所示"网络配置"对话框，选择"连网"模式，在"本机节点名"处键入本机名称或 IP 地址。在"双机热备"选项组中，选择"使用双机热备"选项，后面的"本站为主站"和"本站为从站"选项变为有效，选择"本站为主站"。

（2）在"从站点"后的编辑框中输入从站的名称或 IP 地址。在"从站历史数据库路径"文本框中键入从机保存历史数据的完整路径，该路径的定义格式采用 UNC 格式。该路径在从机上应该提供共享，这里添加的路径也是通过网络可以看到的有效路径。

（3）在"冗余机心跳检测"处输入主机检测从机的时间间隔，缺省为 5 s。

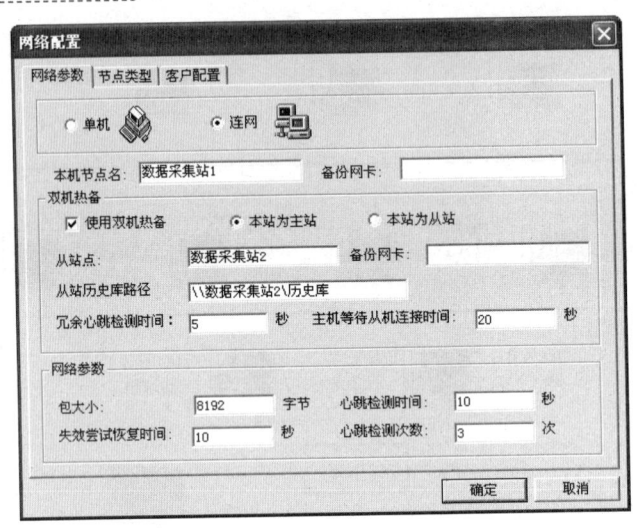

图 13-8 主机网络配置

（4）在"网络配置"对话框中，单击"节点类型"属性页，如图 13-9 所示。按照实际情况选择本站点的类型，一般如果是单机，各选项都要选择。选择"本机是校时服务器"，同时输入"校时间隔"，表示本机发送校时信息的时间间隔。默认为 1 800 秒。

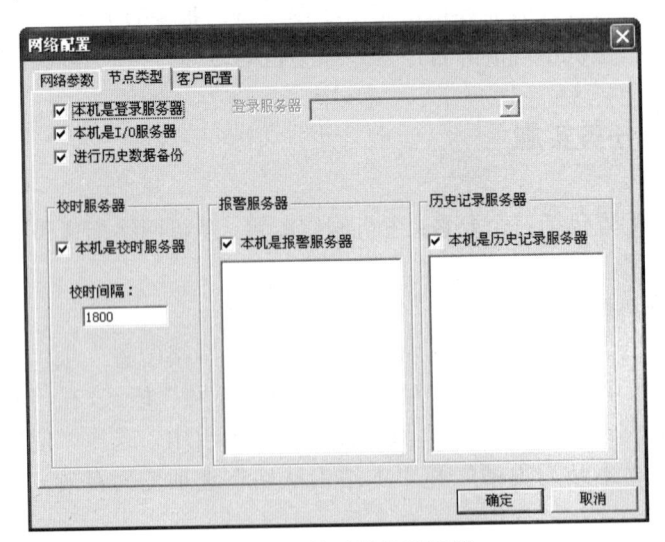

图 13-9 校时服务器设置

单击"确定"，完成了双机热备中主机的基本配置。

2. 从机网络配置

（1）在从机上选择组态王工程浏览器中的"网络配置"项，双击该项，弹出"网络配置"对话框，如图 13-10 所示。选择"连网"模式，在"本机节点名"

处键入从机名称或 IP 地址，在"双机热备"选项组中，选择"使用双机热备"选项。其后面的"本机为主站"和"本机为从站"选项变为有效，选择"本站为从机"。

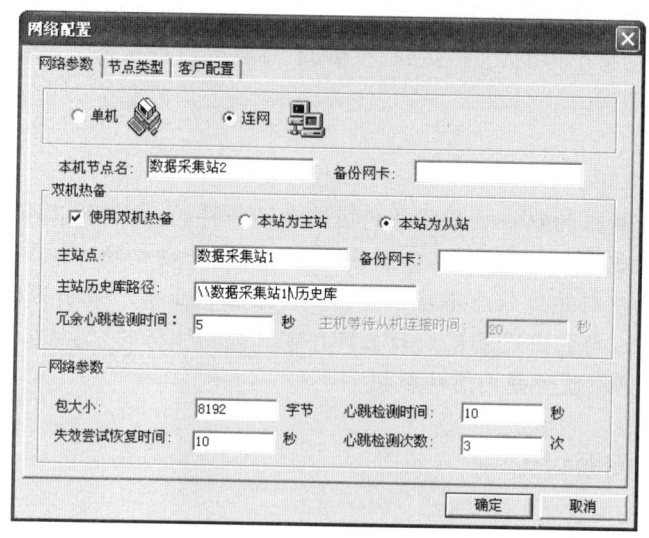

图 13-10 从机网络配置

（2）在"主站名称"处键入主站名称或 IP 地址。在"主站历史数据库路径"处键入主机保存历史数据的完整路径，该路径的定义格式采用 UNC 格式。该路径在主机上应该提供共享，这里添加的路径也是通过网络可以看到的有效路径。

（3）在"冗余机心跳检测"处输入从机监听主机的时间间隔，缺省为 5 秒。单击"确定"，完成了双机热备中从机的基本配置。

3. 双机热备状态变量的使用

系统变量"$双机热备状态"变量用来表征主、从机的状态。在主机上，该变量的值为正数，在从机上，该变量的值为负数。

（1）主机状态监控。在主机的组态王工程中，可通过变量"$双机热备状态"对主机进行监控。变量"$双机热备状态"有以下几种状态：

① $双机热备状态=1，此时主机状态正常。

② $双机热备状态=2，此时主机状态异常，主机将停止工作，并不再响应从机的查询。

（2）从机状态监控。在从机的组态王工程中，可通过变量"$双机热备状态"对从机进行监控。变量"$双机热备状态"有以下几种状态：

① $双机热备状态=-1，此时从机检测到主机状态正常。

② $双机热备状态=-2，此时从机检测到主机状态异常，主机工作异常，从机代替主机成为主站。

（3）手动状态切换。特殊情况下，可以通过强制改变"$双机热备状态"，实现主、从机之间的手动切换。

主机切换到从机：强制主机的"$双机热备状态"为2，主机停止工作，并停止响应从机查询，从机认为主机故障，启动工作，此时主机将没有任何工作，同时主机的数据也将不再变化。当强制主机的"$双机热备状态"为1后，又能实现从机向主机的切换。

▶ 提示

- 主机与从机的双机热备状态的返回是不一样的，主机为正值，从机为负值。
- 可以通过强制转换"$双机热备状态"进行手动切换。但要慎重使用。
- 从机的双机热备状态不能任意强制。若主机正常，强制从机的"$双机热备状态"为 −2，则会出现混乱。若主机异常，强制从机的"$双机热备状态"为 −1，则会丢失下次监听查询前的数据。

13.2.5 问题讨论

每两人一组，试练习双机热备的配置和应用。

任务三 双网络冗余

13.3.1 任务目标

熟悉双网络冗余中网卡的配置和组态王中网络的配置。

13.3.2 任务分析

通过双网络冗余中网卡的配置和组态王中网络的配置，熟悉双网络冗余的应用，提高工程系统的可靠性。

13.3.3 相关知识

双网络冗余实现了组态王系统间两条物理网络的连接，以防单一网络系统中网络出现故障后所有站点瘫痪的弊端。对于网络的任意一个站点均安装两块网卡，并分别设置在两个网段内。当主网线路中断时，组态王网络通信自动切换到从网，保证通信链路不中断，为系统稳定可靠运行提供了保障。

双网络冗余系统结构示意图如图 13-11 所示。粗线表示主网,细线表示从网。A 表示主网网卡,B 表示从网网卡。网络上的任意一台机器均需要安装两块网卡,在实际使用中一般将这两块网卡分别设置在两个网段内,例如,A 网卡的 IP 地址均设置为 100.100.100.*,最后一位数字各台机器不相同,子码掩码为:255.255.255.0;B 网卡的 IP 地址均设置为 200.200.200.*,最后一位数字各台机器不相同,子码掩码为:255.255.255.0,这样就构造了两个以太网,各个站点将通过相同网段的网卡进行通信。

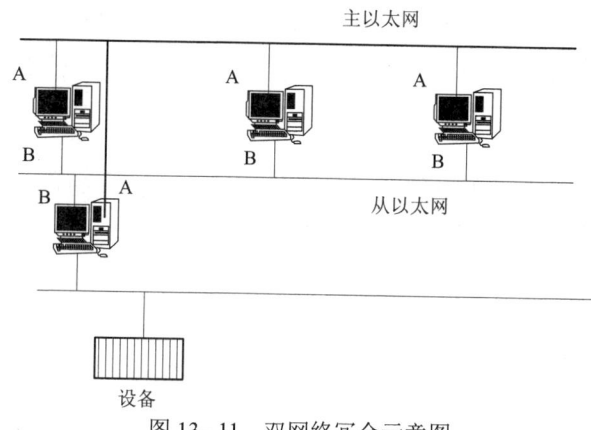

图 13-11 双网络冗余示意图

提示

◆ 必须保证本节点两块网卡可以正确地与网络上的其他节点的任何 IP ping 通。

13.3.4 任务实施

1. 网卡的配置

下面以"数据采集站"为例介绍双网络冗余的配置。由于每个站点均配置有两块网卡,因此需要设置两块网卡的 IP 地址,从计算机的"控制面板"中双击网络图标,进入"配置",选中 TCP/IP 协议,单击属性,弹出对话框如图 13-12 所示。

在适配器下的列表框中会自动列出两个网卡,选中主网网卡,在 IP 地址栏中指定 IP 地址为:100.100.100.1,子网掩码为:255.255.255.0,默认网关可先不设置。然后从适配器下的列表框中选中从网网卡,在 IP 地址栏中指定 IP 地址为:200.200.200.1,子网掩码为:255.255.255.0,默认网关可先不设置。

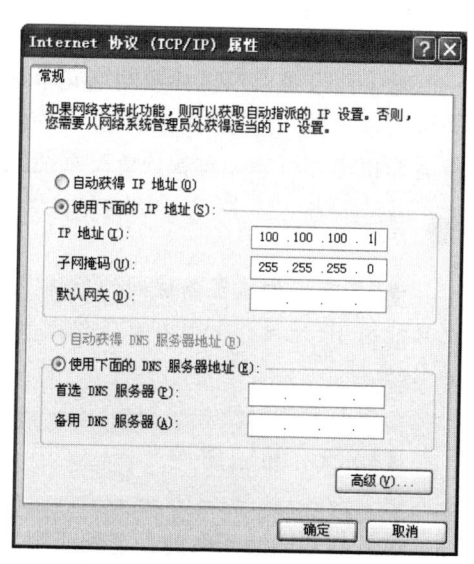

图 13-12 设置网卡的 IP 地址

对于网络的其他每个站点都这样设置,例如"报警数据站",网卡1的IP地址为100.100.100.2,子网掩码为255.255.255.0,网卡2的IP地址为:200.200.200.2,子网掩码为255.255.255.0。

2. 组态王网络配置

在"数据采集站"上,选择组态王工程浏览器中的"网络配置"项,双击该项,弹出如图13-13所示对话框。选择"连网",在"本机节点名"处键入本机名称,例如"数据采集站",或者是本机的主网网卡的IP地址,例如"100.100.100.1",在备份网卡中输入网卡2的IP地址,例如"200.200.200.1"。

对于网络上的其他每个站点都这样设置,例如"报警

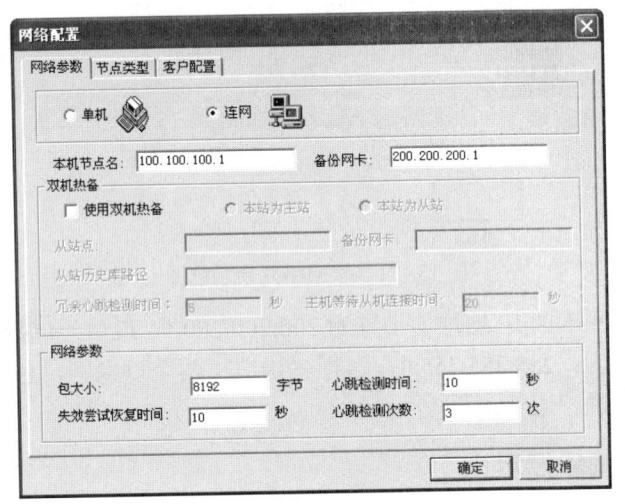

图13-13 设置网络参数

数据站",本机节点名为"报警数据站",或者输入IP地址"100.100.100.2",备份网卡输入"200.200.200.2"。

当主网出现故障时,将切换到从网通信。当一个站点由于一个网卡或一段网线出现故障,而与其他站点的网络通信出现故障时,它的备份网卡将切换到工作状态,例如"数据采集站"的A网卡出现故障时,它的B网卡将与"报警数据站"等网络上的其他站点通过从网进行通信。

对于双设备、双机和双网络冗余这三种冗余方式,设计者可综合运用,可以同时采取三种冗余方式或采取其中的任意一种或两种。采用冗余后,系统运行时将更加稳定、可靠,对各种情况都能应付自如。

▶ 提示

◆ 只有在构造了局域网的条件下,"本机节点名"中输入机器名才有效,否则只能用IP地址,并且在有备份网卡的情况下,"本机节点名"只能是主网网卡的IP地址。

13.3.5 问题讨论

试练习双网络冗余的配置和应用。

参 考 文 献

[1] 组态王 6.53 使用手册 [G]. 北京亚控科技发展有限公司.
[2] 组态王 6.53 函数手册 [G]. 北京亚控科技发展有限公司.
[3] 组态王初级培训教程 [G]. 北京亚控科技发展有限公司.
[4] 组态王中级培训教程 [G]. 北京亚控科技发展有限公司.
[5] 覃贵礼. 组态软件控制技术 [M]. 北京：北京理工大学出版社，2007.